# TEMPO, ESPAÇO, COGNIÇÃO E LINGUAGEM

CONSTITUIÇÃO LINGUÍSTICO-COGNITIVA DO TEMPO-ESPAÇO EM CONSTRUÇÕES DISCURSIVAS

Catalogação na Fonte
Elaborado por: Dayanne Leal Souza
Bibliotecária CRB 9/2162

N754u
2024

Nobre, José Cláudio Luiz
Tempo, espaço, cognição e linguagem: constituição linguístico-cognitiva do tempo-espaço em construções discursivas / José Cláudio Luiz Nobre. - 1. ed. - Curitiba: Appris, 2024.
189 p. : il. ; 23 cm. - (Coleção Multidisciplinaridade em Saúde e Humanidades).

Inclui referências.
ISBN 978-65-250-7060-5

1. Tempo-espaço. 2. Cognição. 3. Linguagem. 4. Interação. 5. Discurso. I. Nobre, José Cláudio Luiz. II. Título. III. Série.

CDD - 370.152

Livro de acordo com a normalização técnica da ABNT

Appris editora

Editora e Livraria Appris Ltda.
Av. Manoel Ribas, 2265 - Mercês
Curitiba/PR - CEP: 80810-002
Tel. (41) 3156 - 4731
www.editoraappris.com.br

Printed in Brazil
Impresso no Brasil

José Cláudio Luiz Nobre

# TEMPO, ESPAÇO, COGNIÇÃO E LINGUAGEM

## CONSTITUIÇÃO LINGUÍSTICO-COGNITIVA DO TEMPO-ESPAÇO EM CONSTRUÇÕES DISCURSIVAS

Appris editora

Curitiba, PR

2024

*Um amigo me contou que o tempo é um rio que corre no universo.*
*O rio é a frente, e o tempo pode ser o verso.*
*(Wenceslau, 2003)*

*Sertão: é dentro da gente.*
*(Rosa, 1994, p. 435)*

# AGRADECIMENTOS

A DEUS, o Senhor do Tempo, presente em todo o Espaço;
ao Mestre, pela Luz do tempo na consciência;
a meus pais, pelas primeiras lições do tempo-espaço das coisas e da vida;
a minha família, pelo espaço que ocupa a todo o tempo em minha vida;
a Milton do Nascimento e Hugo Mari, pelas orientações precisas.

# SUMÁRIO

1

# INTRODUÇÃO

Este livro é fruto de um estudo de operações linguístico-cognitivas, constituintes da Competência Discursiva do falante e fundamentais na construção de categorias de tempo-espaço, que permitem temporalizar/espacializar/processar textos de quaisquer gêneros. Realizado na interface linguagem, discurso e cognição, buscou-se identificar, categorizar e analisar, à luz de estudos em cognição, condições de processamento dos domínios do espaço e do tempo e sua expressão (construção) na linguagem, considerando-se mecanismos linguístico-cognitivos de instanciação da relação enunciador/referência/enunciatário, no que diz respeito aos modos de referência têmporo-espacial nas interações humanas.

O que nos levou a tal estudo? Na sistematização da 'Teoria da Enunciação', Benveniste, ao modular a teoria da construção do sujeito no (e pelo) discurso, postula a existência de certas categorias de expressão que correspondem a um "modelo constante [...] mas suas funções não aparecem claramente senão quando se as estuda no exercício da linguagem e na produção do discurso" (Benveniste, 1989, p. 68). Neste "modelo constante", caracterizado como o 'Aparelho Formal da Enunciação', o autor delineia um cenário, em que a relação enunciador/enunciatário se institui em um tempo-espaço discursivo(s) em que se constrói a Referência. E Nobre (2004) demonstra que, na implementação do processamento discursivo proposto por Benveniste, há um locutor (L), que se institui enunciador (Eo); um alocutário (A), (co)instituído como enunciatário (Ea); e uma referência (R), que se constitui na interação discursiva. E, na base deste cenário, que se fundamenta em toda interação linguístico-discursiva, estão instituídas as categorias de tempo e de espaço (aqui também unificadas em TEMPO-ESPAÇO), que, na interação humana, são uma condição necessária para que se dê o processamento discursivo, o estabelecimento da interlocução, a construção da referência e a realização do sentido referencial, pois elas estabelecem, firmam, consolidam a realidade cognitiva em que se sucedem e se encadeiam os fatos (os objetos) linguístico-discursivos.

Então, coube-nos perguntar e responder a: a) como se processa a percepção temporal e a espacial, manifestas na linguagem; b) se (ou como) expressões linguísticas evidenciam (ou resultam de) processos cognitivos, que, por sua vez, possibilitam as relações sociais imbricadas na perspectiva de interdependência da relação espaço/tempo; c) se o uso de termos linguísticos espaciais e temporais reflete a relação entre os dois domínios (espaço e tempo) em qualquer operação semântico-cognitiva. Apostamos que uma análise de como os conceitos de espaço e tempo estão 'representados' no uso da linguagem deve não só revelar como nos construímos no mundo do discurso, mas também refletir como tempo e espaço se definem, se delineiam cognitivamente nesta construção.

Nesse caso, considerando o nosso interesse pela 'constituição linguístico-cognitiva do tempo-espaço na constituição de objetos de discurso, entendemos que: a) se o aqui/agora (usado aqui como o **presente** espaço-temporal específico da língua/linguagem) está inseparavelmente ligado à construção recursiva de instâncias de enunciação; b) se é na e pela linguagem que "o homem se constitui como sujeito", porque só a linguagem fundamenta na realidade do *ser*, o conceito de 'ego'; c) se "eu só pode ser identificado pela instância de discurso que o contém e somente por aí. Não tem valor, a não ser na instância na qual é produzido"; d) se teses atuais convergem "para a defesa de que o discurso, a comunicação, as práticas sociais, os paradigmas, a linguagem são uma construção ativa por meio da qual se constroem sujeitos e ciência"; o **AQUI/AGORA**, além de "eixo primordial da temporalidade na língua a ordenar a experiência humana", i) é o **tempo-espaço presente**, em que a cognição humana se faz e em que se constrói todo e qualquer **tempo-espaço discursivo**; ii) é o **aqui/agora** linguístico-cognitivo, em que o sujeito e a 'sua' ciência se realizam, percutidos em fractais (*fractus*), que podem ser partes indefinidamente subdivididas, as quais, de certo modo, são 'cópias' em dimensões reduzidas do todo construído e em construção.

Eis, então, o que postulamos e procuraremos mostrar nas páginas deste livro: o que o sujeito 'toca' cognitivamente aqui/agora e constrói como 'experiência-alcançada-pela-fala' permanece no contínuo presente que o homem, ligado a dimensões físicas, projeta numa margem do eixo têmporo-espacial à qual se convencionou chamar 'passado'. E o que já toca o sujeito, como projeção que, aqui/agora, a fala alcança, vem e se faz futuro na outra extremidade desta mínima, frequente e intensa superfície presente do tempo/espaço em que o sujeito se situa. E, assim, o sujeito, situado discursivamente no aqui/agora, também se faz presente (e se constrói, portanto) ao construir cognitiva, recursiva e linguisticamente o passado e ao projetar, ao predizer o futuro.

Comecemos, então, pela busca de noções de tempo-espaço, inicialmente como natureza ontológica e, posteriormente, como objeto da física.

2

# OS CONCEITOS DO TEMPO-ESPAÇO

O Tempo é. Sempre. Em todo o Espaço, sempre presente no Presente do Tempo. Eis o presente vital: o tempo-espaço no qual e a partir do qual o homem 'fundamenta' a temporalidade e a espacialidade da própria existência e do ser das coisas no mundo.

Se uno um ponto de tempo a um ponto do espaço, posso pensar um tempo em um determinado espaço; se penso (n)um tempo anterior naquele mesmo espaço, (re)considero uma reconfiguração ou não do espaço; mas uma reconfiguração do espaço necessariamente constrói um tempo anterior ou posterior. A estes aspectos do TEMPO e do ESPAÇO no tempo-espaço do homem, denominamos temporalidade e espacialidade.

Feito à espécie de gota de tempo colocada no espaço, tem-se o homem, na figura de uma pessoa (re)configurando-se no espaço, alcançando a si e a outras pessoas sempre no contínuo presente do tempo da fala, promovendo datações de 'presente', 'passado' e 'futuro'. A esta atividade mental de autopercepção e de percepção de outros no tempo-espaço, denominamos, neste livro, temporalização e espacialização. Temporalizar/espacializar é, nesta configuração, uma atividade linguístico-cognitiva realizável exclusivamente no presente do homem, já que só se alcança o ser falante no presente: só se pode falar do passado quando se está no futuro dele, e o futuro do passado se inicia no presente. E, quando se alcança o futuro, este já não o é mais, pois é transformado em presente, e o amanhã não é realizável, a não ser linguístico-cognitivamente.

Assim, no presente trabalho, buscaremos distinguir: a) Tempo e Espaço absolutos & tempo e espaço relativos, b) tempo-espaço da existência/ontológico, c) tempo-espaço cognitivo, d) tempo-espaço linguístico(s) imbricado(s) nos atos de fala. Como só o presente se realiza ontologicamente e é condição à construção da temporalidade e da espacialidade humanas, busquemos, neste primeiro momento, uma ontologia do tempo-espaço sob a perspectiva filosófica. A seguir, trataremos dos conceitos de tempo e espaço na Física.

## 2.1 Do tempo ontológico à temporalidade

A busca de uma definição ontológica de tempo é uma constância entre filósofos — clássicos e contemporâneos —, físicos, psicólogos, linguistas. Mas a tentativa de descoberta da ontologia do tempo tem sido, sobretudo, uma busca da Física. Tem-se perguntado se o tempo é: a) real (um organismo vivo é capaz de acompanhar a linha da sua existência), b) primitivo (tudo é pensado dentro do tempo, mesmo o que ainda não existe), ou c) fruto da percepção humana (percebe-se o tempo ou as coisas no tempo? Veja-se que o fonema /t/ é percebido antes de /p/ na palavra *tempo*). A tais perguntas, cabem outras: a percepção alcança o que não existe? Se a percepção alcança a existência do tempo, é pertinente, então, perguntar 'qual é a natureza do tempo'?

Edelman afirma que "a maioria das pessoas percebe a passagem do tempo como o movimento de um ponto ou de uma cena do passado para o presente, para o futuro. Entretanto, em sentido físico estrito, apenas o presente existe"[1] (Edelman, 2006, p. 93, tradução nossa). Como? Por fugidio que seja, o presente é o único tempo real em que experienciamos o acontecimento da vida. Isto é, a vida acontece no presente. Graças à capacidade cognitiva de memorar e à faculdade de linguagem, temos a condição de, no presente, imaginar, (re)estabelecer, 'experienciar' uma organização de passado e de futuro nas nossas práticas enunciativas, mas falar e viver são acontecimentos peremptoriamente do presente. Assertivas assim promovem reflexões a respeito do que é o tempo: se o tempo consiste no presente, o que são o passado e o futuro? É o presente um tempo uno de natureza tríplice, em que está contido o passado e o futuro? É o tempo o que nós percebemos/categorizamos/explicamos dele, ou há, na sua natureza, um quê inacessível à percepção/categorização?

Mesmo que não possamos facilmente articular exatamente o que entendemos por "tempo", seu funcionamento é sentido intuitivamente. Isto é, o ser humano tem intuição/percepção do tempo: conseguimos lidar com ele muito efetivamente em nosso dia a dia. A maioria das pessoas é capaz de estimar o tempo que levará para dirigir de um ponto a outro ou fazer uma xícara de café; sabe gerenciar uma forma de encontrar os amigos para jantar em uma hora determinada.

---

[1] Tradução livre de "Most people sense the passage of time as the movement of a point or a scene from the past to the present to the future. But in a strict physical sense, only the present exists".

No texto *From eternity to here: the quest for the ultimate theory of time*, o físico Sean Carroll, para quem o funcionamento básico do tempo faz sentido em um nível intuitivo, conta uma experiência em que, perguntadas a respeito do que seja o tempo, as pessoas responderam, entre outras coisas, que é "o que nos move ao longo da vida", "o que separa o passado do futuro", "parte do universo", "como nós sabemos quando as coisas acontecem". Na diversidade de tais intuições de tempo, temos uma pequena amostragem da difícil tarefa da ciência (e da filosofia) de expressar a noção intuitiva de uma percepção básica, tal como "tempo", e transformá-la em conceito rigoroso, preciso.

Não se encontra, em estudos a respeito do 'tempo', a utilização desta palavra de uma forma única, não ambígua. São diferentes significados atribuídos à natureza 'tempo', cada um dos quais merecedor de elucidação, a maioria das vezes. Como é possível, então, o tempo ser objeto da ciência empírica/experimental? É razoável atribuir-lhe um estatuto filosófico-conceitual? Não é um equívoco supor que a questão "o que é o tempo?" possa ser respondida de um modo direto e conclusivo: é isto ou aquilo? Parece senso que, para dizer o que é o tempo, seria necessário construir uma 'teoria a respeito do tempo'. E somente uma teoria que lhe concebesse o atributo de um objeto de estudo validaria perguntas a respeito da sua natureza. Resta saber se alguma teoria local fez ou fará isso de forma satisfatória.

Ao que parece, além de não acessível à observação direta, o TEMPO não se reduz a um fato ou fator isolado; está associado a um amplo domínio de fenômenos manifestos à percepção humana, o que requer, por certo, um feixe de construtos teóricos que possam atribuir-lhe (ao tempo) um estatuto, sem a certeza de que tal estatuto contemple plenamente a natureza do TEMPO. Por isso, uma resposta à pergunta "o que é o tempo?" costuma ser apresentada no contexto ou escopo de uma teoria que a estatui e, imantada pelo domínio teórico que a investiga, pode ser construída como: 'o que é o tempo para a Psicologia', 'para a Filosofia', 'para a Linguagem', 'para a Biologia', 'para a Neurociência', 'para a Cibernética' etc. Nesse caso, a resposta a perguntas assim construídas aponta para modos de ver/entender/conceber/significar o tempo. Isso implica dizer que certos aspectos do tempo permanecem profundamente misteriosos às lentes de compreensão criadas pelas teorias.

Inobstante às (in)compreensões teóricas, é inegável a existência, o acontecimento do mundo sensível no tempo e deste tempo no mundo. Encontramos objetos em algum arranjo/combinação/disposição especial e também os encontramos em outra combinação; em consonância com Carroll (2010), o mundo acontece, novamente e novamente. É o que constrói a inegável sensação de que o mundo muda e a inevitável concepção de movimento na sensação/elaboração de tais mudanças. E, nessa contínua alteração, percebemos o tempo e o representamos[2]; possivelmente percebemos mais do que somos capazes de representar. No primeiro capítulo do livro *The images of time: an essay on temporal representation*, Poidevin (2007) constrói uma cena a partir da qual se busca refletir a respeito da natureza ontológica do tempo. Apresento, a seguir, um trecho dela:

> Atrasado para o trem, você corre da bilheteira, empurrando o tempo todo irritantemente a lenta multidão, e arrasta uma mala impossivelmente pesada para a escada rolante, onde, bloqueado pelos viajantes costumeiros na sua frente, você tenta se distrair olhando de relance nos cartazes por que passava. Um deles é a publicidade de uma exposição de arte futurista do início do século XX que reproduz uma famosa pintura de um cão trotando em uma tela. Ao alcançar o fundo, você busca ansiosamente o painel de partidas para a plataforma direita, vagamente consciente de que alguns serviços (embora não o seu) estão atrasados. Pela última vez você alcança a plataforma, onde o trem aguarda, ainda imóvel. Olhando para o relógio, você vê o movimento do segundo ponteiro para a posição de 12 horas, e, como você aproxima freneticamente das portas, com pés de chumbo, estranhamente, o guarda levanta a bandeira e, simultaneamente, apita. Alguns segundos depois, o trem parte, ganhando impulso. Como você, derrotado, vê, sua forma está diminuindo. Em algum lugar, um sino toca, e, como ele aumenta de volume, preenchendo sua consciência, você acorda, desliga o alarme, e percebe, com alívio, que o trem que você acabou de perder em seu sonho não está, na realidade, prestes a partir para outras cinco horas. Depois, você narra os acontecimentos do sonho para um público caracteristicamente indiferente durante o pequeno-almoço de família. (Poidevin, 2007, p. 3).

---

[2] Não é nossa ocupação, agora, refletir a respeito da semelhança e/ou diferença entre a natureza da percepção e a da representação.

Na cena anterior, entrevê-se um feixe de maneiras de representar o tempo: na percepção, categorização, memória, crença, emoção, arte e narrativa. Por toda parte, cada experiência se apresenta como **presente**: primeiro, a compra do bilhete; em seguida, o deslocamento para a escada rolante; então, a arrancada para o trem; depois, a crença de que o trem vai partir logo; olhando-se para o cartaz, a lembrança de se ter visto a pintura antes, e a pintura, em si, representa diferentes momentos de um evento; a percepção do movimento do segundo ponteiro no relógio; a simultaneidade do aceno da bandeira e do sopro do apito do guarda; a duração do som; o fato de que o trem sai logo depois e a sua aceleração inicial; ao acordar, o sentimento de alívio de se estar sonhando e a consciência de que a partida do trem ainda está no futuro. Todos esses fatos estão representados no sonho e na narração subsequente à família.

Mas, se se busca a ontologia do tempo, há de se perguntar se é possível derivar alguns resultados metafísicos sobre a natureza do que se representa. Mais especificamente, podemos aprender algo sobre a natureza metafísica/ontológica do tempo olhando para uma combinação de dados observacionais (e explicações filosóficas e/ou psicológicas) relativos às várias formas de representação mental de tempo? Em outras palavras, o que representações comuns de tempo (a 'presentidade', o estado presente da experiência; a memória de algo que está acontecendo; a crença de que algo está para acontecer; a percepção da simultaneidade e precedência) nos dizem sobre a natureza/estrutura do próprio tempo?

Mesmo quando temos respostas a estas questões, resta o captar aspectos do tempo (e naturalmente do espaço). As teorias causais[3] da percepção sustentam que a representação perceptual de um objeto consiste em que o objeto está sendo causalmente responsável, de forma adequada, para o caráter da percepção. Isto legaria aspectos da natureza desse objeto no processo de representação, o que parece até plausível, no caso de percepção/representação de árvores, animais, pessoas e demais itens 'concretos' a respeito dos quais os teóricos da percepção causal tendem a falar. Mas como aplicar isso a propriedades relacionais, como 'simultaneidade', 'precedência' e 'duração', que não são elas mesmas causais? É possível uma teoria da representação que dê conta da nossa capacidade de representar aspectos de tempo? Parece irrealizável o objetivo de descobrir algo sobre a natureza do próprio tempo pelo olhar para a natureza

[3] Sobre teorias causais, ver Poidevin (2007).

de uma representação mental de quem o observa, já que estudar uma representação não é precisamente estudar o objeto representado, pelo menos, não diretamente.

É verdade que a representação é um fenômeno relacional: há, por um lado, o "*representans*" (o modelo representante) e, de outro, o "*representandum*" (o sistema real). Tem-se no '*representans*' um conjunto de elementos interligados, tomados como um todo mais ou menos coerente, cujos componentes funcionam entre si em numerosas relações de interdependência ou de subordinação, de 'apreensão' muitas vezes realizável pelo intelecto, como um conjunto de ideias associadas, capazes de levar o observador a pensar, sentir e, por vezes, agir de acordo com um padrão de natureza definido pelo '*representandum*'. Mas não é satisfatória a noção de que a relação entre os dois seja de similitude, no sentido pleno da palavra: mesmo no caso de representação pictórica, em que as semelhanças parecem mais promissoras, a relação entre o '*representans*' e o '*representandum*' realiza alguma assimetria, dada a específica complexidade da natureza de cada um. Há, por certo, alguma diferença de qualidade, valor, proporção, dimensão, intensidade etc. Concordo com Poidevin, para quem a "representação é raramente, ou nunca, transparente: não se pode simplesmente ler a natureza do mundo a partir da intrínseca característica da representação"[4] (Poidevin, 2007, p. 5, tradução nossa).

Então, se não há tal possibilidade, o que se 'edifica' num estudo de representação a nos dizer da estrutura da realidade TEMPO? Se se recorre a Heidegger (2005), percebe-se que o que se delineia em explicações a respeito do tempo pode ser chamado de temporalidade, que funciona como uma estrutura de referência dentro da qual se pode situar representações temporais. A temporalidade é este movimento que se define para o homem como uma sucessão de 'agoras' e nasceres e pores do sol que compreende a finitude de sua (do homem) própria existência, que se configura no modo como o tempo é para o homem e como o homem é/está no próprio tempo. A temporalidade, comportada pela percepção humana, como uma sucessão de existências finitas e momentos diferenciados, compreende a própria existência humana, o acontecimento existencial — iniciado no nascer e integralizado no morrer do homem — na 'estrutura' temporal do 'ser do homem'. Tal acontecimento coincide com o conceito de '*Dasein*' de Heidegger (2005)[5].

[4] Tradução livre de "Representation is rarely, if ever, transparent: one cannot simply read off the nature of the world from the intrinsic features of the representation".

[5] Não é nossa intenção aprofundar a noção de *Dasein* de Heidegger.

'*Dasein*' é um termo alemão traduzido para o português brasileiro como "presença" (Schuback, 2009)[6]. Essa presença está relacionada ao homem presente no presente do homem. E a essência da existência do 'ser do homem' é a possibilidade (futuro) de agir, transformada em ação[7] (presente). Esta, por sua vez, é, também, indicativa da experiência (passado) culminante no ato em si. Aqui, tem-se, no átimo presente do tempo, uma convergência da capacidade de 'ser' e da possibilidade (futuro) de 'ser' no 'estar sendo', no 'ente' do homem. Assim, alinhando-se a Schuback, concebe-se que a vida fática do homem, o existir,

> [...] é um entreaberto vivo, um desprendimento incessante do já determinado, a possibilidade livre de entregar-se ao nada aberto de um durante, em que se descobre que assim como o raio só existe em raiando, o homem só existe fazendo-se presença. Com o mistério da presença, surge o campo do vazio, esse em que o mundo pode fazer-se mundo. (Schuback, 2009, p. 32).

Esse em que o 'nada aberto de um durante' se abre e se faz o ínfimo 'entreaberto vivo' de que o homem se 'apropria', para existir diante de si, sempre transcendendo a si mesmo, na medida em que **não** se fixa em um '*é*' pronto, acabado[8]. Esse 'entreaberto' é, ao mesmo tempo, o espaço do saber — de tudo o que se sabe (passado) — e da transformação do que se sabe no que ainda não se sabe (futuro). É o intratemporal heideggeriano, que

> [...] inclui a compreensão do tempo como provisão disponível, ao alcance de qualquer um e de todos, com que se conta sempre e antecipadamente para fazer – e não fazer – isso e aquilo: o tempo que tanto podemos agarrar [...] quanto dissipar ou perder. (Nunes, 2002, p. 27).

Este 'eixo' intratemporal caracteriza o 'agora', que circunstancia o 'outrora' e o 'então', ainda que de forma tácita. A sucessão de 'agora' revela-se

> [...] uma sucessão de imagem – um esquema da idéia de sucessão – que permite localizar acontecimentos no tempo – ou, na terminologia heideggeriana, a databilidade, em que se apóia a datação. Mas, desse modo, o tempo se torna

[6] Nas edições brasileiras mais recentes de *Ser e Tempo*, há este texto de Márcia Schuback em que a autora expõe a sua escolha de tradução do termo '*Dasein*'. A maioria dos autores que retoma Heidegger usa o termo em alemão.

[7] Observar que se pode, aqui, pensar no acontecimento cognitivo, que é presente por Excelência.

[8] Tem-se aqui uma abertura para o fluxo cognitivo do homem, de que trataremos adiante (seção 3.3, a partir da página 78).

> disponível entre os termos da estrutura remissiva – do "agora" ao "então" e do "outrora" ao "agora", numa linha extensiva, o "enquanto", e eis o intervalo (Spanne), esquema da permanência ou da duração. [...]
> O tempo com que contamos é agora o tempo contado, medido, descoberto nas coisas – o curso dos astros, a alternância do Dia e da Noite – e transferido a instrumentos públicos de contagem para todos, os relógios, sejam eles varas de sombra, ampulhetas, clepsidras, relógios mecânicos ou atômicos. (Nunes, 2002, p. 28).

Nessa perspectiva, percebe-se certa primazia do presente como fração ontológica do tempo. Uma fração em que o homem é. Sempre dinâmica, conforme se afirmou. Esta dinamicidade, realizadora do 'outrora' e do 'então', revela a temporalidade como fenômeno possibilitador do *cogito* humano, como a realização cognitiva do pensamento que alcança e/ou (re)cria o 'outrora-agora-então', convergidos no átimo de tempo subsidiado pela temporal abertura-presente: o intratemporal *supra* anunciado. É, nas palavras de Nunes, "o tempo pontual da evidência, conquistada a todo instante e que assegura o conhecimento de que sou. Mas o que sou em minha identidade, como *res cogitans*, temporaliza-se no presente" (Nunes, 2002, p. 31).

Assim, a temporalidade é a condição de existência do homem, já que este existe temporalizando-se do nascer ao morrer, prolongando-se no acontecer de si mesmo, no rio do "tempo que corre no universo". Por esta razão, uma ontologia do tempo compreende, necessariamente, a ontologia do 'ser do homem' e a sua temporalidade. Dessa forma, ainda que a analogia a seguir nos leve à construção de uma representação, em que há o "*representans*" (o modelo da epígrafe deste livro) e o "*representandum*" (o tempo e a temporalidade), alcança-se uma historicidade associada à frente do 'rio': a própria temporalidade do 'ser do homem'. E, nessa perspectiva, "o Tempo pode ser o verso". Tácito. Sem o qual não haveria nem a temporalidade, articulável discursivamente, nem o 'ser do homem'.

## 2.2 Do espaço ontológico à espacialidade

No geral, pensa-se o espaço em relação à noção de lugar, considerado na sua acepção mais tangível, mensurável: espaço como lugares do mundo físico. Todavia, quando se pergunta o que é o espaço, quando se propõe um estudo da natureza do espaço, quando se visita a literatura a respeito deste tema, tem-se um vasto leque de possibilidades de construção/significação deste 'ente', relacionadas a meios/ambientes/lugares/ideias a que se possa alcançar, pertencer e/ou nos quais se possa permanecer: os mais tangíveis/naturais (o oceano, o rio, o país, a cidade, o bairro, a casa, a ponte, a jarra), os mais sociais/culturais (a academia, a presidência, a política, o namoro, o casamento), os mais relacionais/funcionais (o lugar de pai, de filho, de esposo, de professor, de aluno, de diretor), para citar algumas significações, que permitem expressões como: 'espaço físico', 'espaço sideral', 'espaço atômico', 'espaço quântico', 'espaço escolar', 'espaço dialógico', 'espaço acadêmico', 'espaço cultural', 'espaço referencial', 'espaço ficcional', 'espaço artístico' etc.

Na literatura, navega-se em concepções de espaço como 'ser' de natureza absoluta, independente (NEWTON e CLARK); como 'ente' de natureza relacional, dependente (LEIBNIZ); como uma 'intuição' a priori, já que, no espaço, todas as suas partes são pensadas como sendo simultâneas *ad infinitum* (KANT)[9]. Encontram-se, também, compreensões filosóficas de "espaço", que ora apontam para a espacialidade fática, a qual se origina e se revela no mundo do 'ser do homem' heideggeriano, ora se identificam com os parâmetros platônicos de espaço como um receptáculo para objetos em movimento; ou ainda se dão segundo Aristóteles, como os limites, as fronteiras do próprio receptáculo. Também é possível recrutar o par cartesiano *res extensa* — caracterizado pela extensão das coisas corpóreas, das coisas do mundo — e *res cogitans* — com apontamentos para o fenômeno da espacialidade pensada.

Como se vê, está-se diante de um legado de *modus pensanti* em que se nota tanto uma adesão ao pensamento segundo o qual o espaço é uma experiência externa, fora do homem, pertencente ao universo das coisas, quanto à ideia de que o espaço, ao modelo kantiano[10], por exemplo, está na base da intuição humana e pode ser concebido como uma grandeza infinita, um todo cujas partes são representadas ao infinito de imagens simultâneas.

O modelo kantiano de espaço, de certa forma, (re)acende o '*Dasein*' heideggeriano, associado a 'tempo' na seção anterior. Relativo ao 'ser do homem', o '*Dasein*' lega ao espaço um caráter subjetivo. Ao invés de conceber o espaço como um 'ente' fora do ser humano, quer de natureza

[9] A respeito da querela filosófica entre natureza absoluta (NEWTON e CLARK) e natureza relativa do espaço (LEIBNIZ), bem como sobre a solução kantiana, ver Brasil (2005).

[10] A este respeito, ver Reale (1985, 2001) e Brasil (2005).

relativa (como sistema de relações entre as coisas), quer de natureza absoluta (como um 'ser' independente), tal concepção 'acondiciona' o espaço à percepção humana, a operações cognitivas de subjetivação de fenômenos físicos, que se abrem no clarão da 'presença' do 'ser do homem', que, se presente, o é espacializando-se. Nesse sentido, "o Dasein, que é espacial, constitui o ponto de origem do espaço relacional, geométrico e cósmico..." (Nunes, 1992, p. 95).

Em outras palavras, tanto a noção de tempo quanto a de espaço são 'abertas' e radicadas na noção de existência do 'ser do homem', na sua presença estritamente vinculada, integrada à própria existência (aqui, equivalente à abertura do '*Dasein*') do tempo-espaço, já que só se percebe o 'ser do homem' no tempo-espaço em que ele se faz, em que ele é, em que ele se percebe homem. E este tempo-espaço é o aqui/agora axial, ínfimo, em que se realizam as percepções e os sentidos do homem, em que o homem se 'temporaliza', se 'espacializa'. Dada a ínfima e contínua abertura em que o 'ser do homem' se realiza, uma percepção ontológica de 'espaço' está categoricamente associada à espacialidade; assim como a de 'tempo', à 'temporalidade'. Ambas cognitivamente processadas.

Como ser temporal, que se faz espacializando-se no mundo, o 'ser do homem' (o *Dasein* heideggeriano) é também um ser-no-mundo, um 'ser-em'. Tem-se, assim, a espacialidade também pensada a partir do *Dasein*: o espaço existencial, o 'aqui', está presente, integrado, ao 'agora'. Isso permite a assertiva de que toda abertura mínima e contínua de existência do 'ser do homem' (considere-se o 'intratemporal' apresentado à página 21) acontece em um lugar no mundo (um ponto 'intramundano', nas palavras de Heidegger). Por consequência, se a imagem de sucessão intratemporal caracteriza a temporalidade, a sucessão de acontecimento do 'ser-no-mundo' constitui a espacialidade, ou '*mundanidade*', que, para Heidegger[11],

> [...] é um conceito ontológico e significa a estrutura de um momento constitutivo do ser-no-mundo (que, por sua vez, como visto, é uma determinação existencial do Dasein). Assim, na investigação ontológica do mundo a analítica do Dasein não é abandonada, pois mundo é um caráter do próprio Dasein. (Heidegger, 1993, p. 64, *apud* Brasil, 2005, p. 57).

[11] Referência a: HEIDEGGER, Martin. *Sein und Zeit*. Tubingen: Max Niemeyer Verlag, 17. Auflage, 1993.

Segundo Brasil (2005), Heidegger parte do *Dasein* enquanto 'ser-no--mundo' para alcançar o 'ser-do-mundo', a sua *mundanidade*. E o conceito ontológico de espaço/mundo ligado à 'mundanidade' se dá por meio de significações atribuídas por Heidegger à palavra 'mundo', conforme se transcreve a seguir:

> 1. Em primeiro lugar, mundo como conceito ôntico, indicando a totalidade dos entes que se dão no mundo ("simplesmente dados", "simplesmente existentes", "à-mão", "vorhanden").
> 2. Mundo como termo ontológico, significando o ser dos entes intramundanos acima aludidos.
> 3. Novamente em sentido ôntico, mundo é o contexto "em que" ("worin") efetivamente o Dasein vive como tal; mundo aqui possui um significado pré ontologicamente existenciário ("existenzielle"): mundo 'público', mundo circundante ou ambiente ("Umwelt") próximo (doméstico) e 'próprio'.
> 4. Por derradeiro, mundo designa o conceito existencial-ontológico da mundanidade. (Brasil, 2005, p. 57-58).

Assim, um retrato 'ôntico' do espaço (um ínfimo ponto espacial ou de uma imagem sucessiva) supõe o olhar subjetivo do 'ser-no-mundo' que busca alcançar o 'ser-do-mundo'. Nesse sentido, qualquer ontologia — de espaço, de tempo, de espaço-tempo — assume um caráter fenomenológico de natureza cognitiva, emergente na/pela experiência humana e manifestada na/pela linguagem. Se para 'ser-no-mundo' é preciso espacializar-se e temporalizar-se, descrever o mundo (por extensão, o tempo e o espaço) fenomenologicamente significa mostrar, por meio de índices linguísticos e, portanto, discursivos, não mais um mundo externo, mas as percepções, as construções cognitivas emergentes no/do ser descritor, na intrínseca relação deste com a própria condição de 'ser' no mundo que o circunda. Nesse sentido, o próprio ser — a sua construção e permanência — emerge na emergência da temporalidade e da espacialidade, graças à capacidade linguístico-cognitiva do ser humano de se fazer no tempo e no espaço, na relação com os seus pares, e construir objetos de discurso, sejam estes de natureza ontológica, fenomenológica, epistemológica.

Assim como a sucessão de 'agora', apresentada à página 21, constrói a temporalidade, a 'datação', e permite localizar acontecimentos no tempo, a sucessão de 'aqui' (vista como 'aberturas' dêiticas na 'presença' de cada 'ser-em') promove a espacialidade, o direcionamento espacial na interação do 'ser-em' com outro e outro 'ser-no-mundo', feito circuito de 'aqui' no mundo circundante, em que os seres se colocam e se mantêm, espacializando-se como um 'ser-em-ação', um ser-em- movimento, um ser vivo.

Tal colocação parece guiar as condições de espacialização (próximo/distante, direita/esquerda, alto/baixo, acima/abaixo, frente/trás etc.). Todavia, note-se que, por exemplo, a noção de distância/proximidade aqui desenvolvida não quer dizer que seja, necessariamente, uma fixação de posição espacial que apresente menor ou maior intervalo em relação ao corpo de um 'ser-no-mundo'. Uma aproximação/distanciamento, que se dá no âmbito da circunvisão deste 'ser', realiza-se segundo o modo de o 'homem' perceber o mundo e se perceber nele, o que demanda processos cognitivos de espacialização e permite construções linguísticas como "*Fulano esteve* ***perto*** *da vitória*", "*Chegarei* ***ao sucesso*** *rapidamente*", "*Estava* ***no meio da conversa*** *quando Beltrano chegou*", "*Ele está* ***por fora dos acontecimentos***". Como se percebe, 'vitória', 'sucesso', 'conversa', 'acontecimentos' são imagens cognitivas espacializantes que emergem do princípio subjetivo de espacialização humana. Isso situa a espacialização (também a temporalização) como uma das características constitutivas do ser-do-mundo.

Eis a chave propulsora do presente texto: como se dá a constituição linguístico-cognitiva do tempo-espaço na construção de discursos, supondo-se que, no 'aqui/agora', graças à faculdade de linguagem e à capacidade cognitiva, o homem é capaz de temporalizar-se no tempo, espacializar-se no espaço (o que supõe processos cognitivos), edificar-se na relação com o outro e construir o mundo. Não primordialmente o mundo da tradição ontológica ocidental, isto é, o mundo da substância, da *res extensa*, fora e/ou separado do homem, quer representado pelo lugar físico, quer relacionado ao tempo cronológico, mensurável por meio de relógios atômicos; nem exclusivamente um mundo dentro do sujeito, como um objeto dentro de outro, ou unicamente simbólico.

Quer-se pensar a espacialidade e a temporalidade não como algo que se encontra num espaço e/ou num tempo previamente dados, mas como processos linguístico-cognitivos constitutivos da própria dinâmica da existência humana e de mundos reais e possíveis, numa perspectiva de que, processualmente, cada mundo — considere-se o mundo também como uma unidade linguístico-cognitiva — 'revela' a espacialidade e a temporalidade do espaço-tempo que lhe pertence. Isto é, a espacialidade e a temporalidade existem como construção contínua, inerente ao modo de processamento do espaço-tempo intrínseco à circunvisão humana, à nossa capacidade cognitiva e linguística, já que, no convívio com seus pares, o homem se constrói como ser-no-mundo na relação com o seu entorno. Caso prefira,

> [...] o mundo é a própria condição de possibilidade da relação sujeito-objeto, ou, melhor, o ser-no-mundo é a condição de possibilidade da intencionalidade da 'consciência'. Em todo caso, o mundo não é nada, nada de ente – para além do ente, aberto, ele é, no entanto, sua condição de possibilidade, a condição fenomenalizante. Este para além possibilitador pode ser nomeado: transcendência. O mundo é transcendente. E o transcendente por excelência é o Dasein como o que abre o mundo em projeto, transcendente na medida em que se atém e sustém essa abertura [...]. O ser-no-mundo é a própria estrutura da transcendência (do Dasein). Por ser junto às coisas, o Dasein deve estar 'para além delas', na abertura do mundo. (Dubois, 2004, p. 31).

Com base na concepção de espacialidade e temporalidade integrada à existência/movimento do 'ser-no-mundo' e à sua circunvisão, o espaço-tempo em si passa a ser franqueado ao conhecimento e está no mundo, no sentido de ser constitutivo do 'ser-do-homem-no-mundo'. Tem-se, assim, um espaço-tempo 'subobjetivado' de tal forma que o tempo-espaço constituído no mundo (a palavra 'mundo' aqui pode assumir todas as extensões significativas possíveis: física, mental, cognitiva, discursiva etc. etc.) se mostra também constitutivo deste, quando se concebe que o tempo-espaço (co)constitutivo do mundo emerge e permanece em função da espacialidade essencial do homem considerado na sua condição fundamental de 'ser-no-mundo'.

Eis uma evidência das sábias palavras recolhidas de Rosa (1994, *passim*), na voz de Riobaldo, em *Grande sertão: veredas*: "*Minha senhora Dona: um menino nasceu – o mundo tornou a começar*"... Fruto de quem sabe que o "*O sertão é do tamanho do mundo*" (do tempo, do espaço por excelência); "*O sertão está em toda parte*"; "*O sertão: está dentro da gente*"; "*Levo o sertão dentro de mim*"; "*A gente tem de sair do sertão! Mas só se sai do sertão é tomando conta dele a dentro...*"; "O sertão é sem lugar"; "*Mas o sertão era para, aos poucos e poucos, se ir obedecendo a ele; não era para à força se compor*"; "*O sertão é a sombra minha e o rei dele é o Capitão*"; "*E entendi que podia escolher de largar ido meu sentimento: no rumo da tristeza ou da alegria – longe, longe, até ao fim, como o sertão é grande...*". E o mundo no qual vivo é também o sertão: "*O sertão é dentro da gente*".

Ressalva-se, aqui, que não é intenção construir um livro que dê conta de esgotar o assunto a respeito da realidade ontológica do tempo e do espaço, até porque espaço e tempo não podem ser elementos redutíveis a uma ontologia específica de uma dada área do conhecimento. O esboço *supra* só se explica em função de entendermos que as questões ontológicas do tempo-espaço estão intimamente ligadas a questões do processamento cognitivo e do funcionamento da linguagem. Nesse sentido, o exame da relação entre cognição, linguagem e realidade ontológica é apenas um estágio, considerado importante, na análise do problema com que nos ocupamos neste texto: a constituição linguístico-cognitiva do tempo-espaço na construção de discursos.

Da mesma forma, sabemos que a Física se ocupa das questões descritivas inerentes a explicações científicas de leis que regem a relação tempo/espaço/movimento. E, por vezes, verificamos proposições (isso interessa à linguagem) matematicamente distintas, que vão da noção de tempo-espaço absolutos à de tempo-espaço relativos. E, se se fala do mesmo tempo-espaço, o que determina tal diferença? Tem-se, nesse caso, "um problema peculiar à física", nas palavras de Lonergan (2010, p. 161), ou estamos, também, diante de um fenômeno linguístico-cognitivo?

Se se admite que os fundamentos e/ou abstrações das leis da Física, em nome da universalização dos conceitos, construam proposições sem referência alguma a um lugar ou a um tempo particular, defende-se a ideia de invariantes físico-matemáticas que deem conta da expressão do tempo e/ou do espaço a partir de leis precisas. Mas, se se entende que as formulações teóricas a respeito do tempo-espaço traduzem, necessariamente, uma complexa atividade linguístico-cognitiva de sujeitos pensantes/falantes, torna-se inegável que uma dada proposição 'representa' a expressão de um pensamento, ainda que físico ou matemático, e pressupõe a referência a lugar e tempo particular(es), específico(s), que, por sua vez, condiciona(m) outros olhares e possíveis alterações nas proposições, a dependerem da posição do(s) locutor(es) no próprio espaço-tempo.

Partindo do pressuposto de que falar do tempo e/ou do espaço (como descrição, comentário etc.) constitui uma atividade de referenciação que, em última análise, irmana com a construção de objetos de discurso, entende-se, mais facilmente a instabilidade das relações entre as 'coisas' do mundo e as palavras que as instituem como objetos de estudo científicos ou como assuntos do senso comum.

Dito isso, diante desse problema descritivo pertinente a toda área do conhecimento humano, vejamos, a seguir, os movimentos linguístico-cognitivos de descrição do tempo-espaço segundo fundamentos da Física, verificando-se, principalmente, como as categorias utilizadas para descrevê-lo(s) são plurais e mutáveis. E, nesse caso, antes de ser um problema peculiar da Física, é necessário considerar a referência ao tempo e/ou ao espaço (assim o é com quaisquer objetos do mundo físico, natural), como uma atividade linguístico-cognitiva concebida, no seio de uma concepção geral de processos discursivos, enquanto prática situada de sujeitos falantes construtores de objetos de discurso sujeitos a alterações tanto sincrônicas quanto diacrônicas. Vejamos.

## 2.3 A constituição física do tempo-espaço

Como se disse anteriormente, a busca por uma definição de tempo, de espaço ou de tempo-espaço é uma constância em diversas áreas do conhecimento. E este exercício definitório, seja em assembleia, seja na individualidade, geralmente estabelece uma constituição do tempo-espaço a partir de postos ou lentes de observação que imantam a natureza do objeto que se observa. Dessa forma, a representação que se faz de objetos científicos (por excelência, objetos de discurso) resulta de procedimentos de percepção, categorização — atribuídos à capacidade cognitiva — construídos no exercício da linguagem. Assim, o objeto discursivo 'final' é: a) um parecer-ao-espírito do objeto tácito; b) uma forma de percepção e categorização de tal parecer (um percepto, nesse sentido, é necessariamente uma experiência pessoal estabelecida na relação sujeito/objeto, num tempo-espaço específico); c) uma imagem cognitiva (onto)lógica, 'representada', subobjetivada, acordada em palavras, na relação sujeito/sujeito. Como tais sujeitos falam de algum lugar científico e, geralmente, aos seus pares, (co)instituindo-se sujeitos dos lugares e dos objetos que constroem, os objetos discursivos postulados 'carregam' traços da natureza dos sujeitos que os instituem e dos lugares em que são instituídos. Todos, sujeitos e lugares, sempre datados.

Essa forma de ser dos objetos de discurso permite expressões como "o tempo em Bergson", "o tempo em Foucault", "o tempo em Newton", "o tempo em Einstein" etc.; ou "o tempo na Filosofia", "o tempo na Física", "o tempo na História Moderna" etc.; o que nem sempre leva a um consenso quanto à natureza do objeto tácito, e, por vezes, promove divergências entre filosofia e ciência, por exemplo. Isso evidencia certa distância entre o real e a imagem que se 'representa' no espírito; entre o que mede, o que se mede e a medida que se expressa; entre a coisa e o signo — seja cognitivo, linguístico, matemático, científico —; ou entre '*as palavras e as coisas*', para usar a expressão foucaultiana.

Tais premissas convidam a observar/pensar/descrever o tempo e/ou o espaço a partir de diversos postos de observação, unindo-se os mais diversos construtos, sejam científicos, sejam filosóficos, artísticos, astrológicos, cosmológicos e, quiçá, religiosos, mitológicos etc., se se quiser aproximar de uma experiência mais integral do tempo. E com a certeza de não se poder 'contornar' a totalidade absoluta do tempo e/ou do espaço, se concebidos como *res extensa*, ou mesmo como *res cogitans*.

Mas, como não é pretensão neste livro construir um tratado a este respeito, visitaremos, nesta seção, alguns construtos de tempo-espaço que nos auxiliarão ('auxiliar', nesta expressão, não significa, necessariamente, construir uma maneira de pensar convergente com o ponto de vista a ser adotado aqui) a compor a noção que buscaremos alcançar neste livro. Como se disse, no início da seção anterior, que a busca por uma ontologia do tempo tem sido, sobretudo, uma ocupação da Física, verifiquemos um pouco do que já se construiu nessa área do conhecimento. Ressalta-se que, embora, nesta seção, permaneçamos com a lente da Física sobre as noções de espaço-tempo, 'percorreremos' conceitos bastante diferentes: prova de que a referência ao tempo-espaço, feito objeto do discurso, é construída local e interativamente; não é, portanto, dada por critérios físico-matemáticos a priori, em relação com uma realidade pura.

### 2.3.1 Concepções de tempo-espaço físico[12] e a(s) teoria(s) do movimento

Considerando-se as 'Leis da Física', catalogadas a partir de fenômenos observáveis em estudos da natureza, o homem tem trazido para a humanidade algum nível de explicação de acontecimentos naturais, entre eles a própria existência humana no tempo e no espaço. As observações de 'Leis da Natureza' têm possibilitado certa especialização do pensamento

[12] Concernente à Física.

humano a respeito da sua própria natureza e permitido ao homem experienciar/compreender fenômenos que, em outros tempos, eram atribuídos aos deuses. No afinco de categorizar, descrever, sistematizar e explicar a dinâmica que envolve os movimentos dos corpos no tempo e no espaço (eis um autêntico exemplo de atividade linguístico-cognitiva), tal especialização edificou consideráveis avanços no trato pragmático do homem no e com o universo. Todavia, mesmo que tais avanços sinalizem a contínua evolução do pensamento humano e, consequentemente, da ciência, o princípio universal que, desde os primórdios, rege o 'ser do tempo e do espaço' ainda não está inteiramente iluminado à mente humana.

Pinto bem expressa a respeito dessa obscuridade filosófica em relação ao objeto aqui em pauta — o tempo e, por extensão, o espaço:

> De Alexandre de Afrodísia a Heidegger, o problema do tempo aberto por Aristóteles ocupou os mais extremos lugares do discurso filosófico, situando-se, na maior parte dos casos, nos pontos, senão cegos, ao menos limítrofes do pensamento. Testemunhos dessa situação são tanto o paradoxo de Agostinho, cuja resposta à realidade do tempo resiste à expressão, quanto o esquematismo do entendimento, que, segundo o próprio Kant, consiste em "uma arte oculta nas profundezas da alma humana". [...]
> Longe, porém, de ser apenas um lugar comum, essa constante crítica mostra a dificuldade da filosofia em agarrar e determinar conceitualmente esse fenômeno ou, talvez mesmo, a dificuldade em pôr-se de acordo sobre isso que chamamos "tempo", apesar de com ele contarmos, com seus males sofrermos, com seus bens regozijarmo-nos, e sua falta tanto acusarmos. (Pinto, 2009, p. 12).

Diante dessa suspeita de que cada novo olhar à natureza 'tempo-espaço' lança mais perguntas para reflexão que respostas, é bom que fique claro que não há aqui a pretensão de clarear todas as dúvidas que ainda pairam a respeito do assunto.

Nesta seção, então, com o intuito de fazer um breve apanhado de noções a respeito do tempo-espaço físico[13], referentes ao pensamento de Einstein, faremos, também, uma pequena síntese de conhecimentos legados por físicos e/ou filósofos predecessores, contemporâneos e sucessores do teórico da relatividade. A intenção é apresentar uma sucinta exposição

[13] Veja nota 12, à página 30.

dos pontos mais precisamente relacionados com este livro, principalmente aqueles que estabelecem alguma relação com o processamento cognitivo do tempo-espaço.

Primeiro, é importante salientar que nem todo físico concebe o tempo exatamente como o postulado por Einstein. Hawking (2001), por exemplo, em *O universo numa casca de noz*, contesta a ideia de 'viagem no tempo' construída, no senso comum e no científico, a partir de teorias einsteinianas. Todavia, a 'Teoria da Relatividade' atribuída ao estudioso alemão parece pautar um número considerável de estudos a respeito do espaço e do tempo; razão pela qual, nesta seção, a concepção de tempo (também de espaço) busca alcançar teorias do movimento que fluem, principalmente, para a noção de tempo-espaço do referido teórico.

Em segundo lugar, é necessário fazer uma ressalva. Com o conhecido esforço de descrever e relacionar fenômenos que envolvem os movimentos dos corpos no espaço e no tempo, observadores, principalmente físicos, erigiram um complexo de conhecimentos, por meio de experimentos que, ancorados aos chamados "movimento circular uniforme" e "movimento periódico" dos corpos celestes, buscam 'prever' o funcionamento de acontecimentos da/na vida humana, dos mais simples (previsão do tempo de deslocamento de um ponto a outro, orientada pela distância entre eles e a velocidade de percurso) aos mais 'quintessenciados'[14] (previsão de eclipses solares e lunares, momento de passagem de cometas nas imediações do globo, fases lunares e suas respectivas datas, condições meteorológicas em determinados lugar e tempo futuro etc.).

Embora estejam relacionados à 'Mecânica Clássica' — já repensada a partir da Física Quântica — e não constituam a temática central deste livro, tais conhecimentos apontam alguma direção quanto a modelo(s) cognitivo(s) de espaço-tempo presente(s) tanto em processos de percepção, categorização, disposição da multiplicidade de objetos constitutivos da unidade 'mundo' quanto nas 'representações' linguísticas de tais processos e de outros adjacentes e/ou consequentes. A menção à 'Mecânica' aqui se dá por entendermos que o problema do 'tempo-espaço' também está diretamente associado às questões relativas à analítica do **movimento**, seja na Física, seja na Filosofia Geral ou da Linguagem.

Vejamos então, de forma muito breve, configurações de percepção do tempo legadas pela Física, especialmente a einsteiniana.

---

[14] Referência à quinta-essência aristotélica.

### 2.3.2 Tempo-espaço e movimento em Aristóteles

Se recorrermos à (meta)física de Aristóteles — considerado sistematizador do pensamento grego antigo — e aos seus estudos sobre o ser em movimento, encontraremos consideráveis reflexões a respeito da natureza do tempo relacionada à mecânica do movimento. A começar pelo apontamento de que: a) a existência dos entes móveis, tal como se mostra em sua mobilidade, força-nos a admitir a existência do movimento; e b) sem a existência do movimento, não seria possível verificar a existência de entes móveis (a exemplo, o tempo). Nesse caso, importa colocar a questão do tempo-espaço, então, pelo viés do movimento, ou seja, investigar esse(s) ente(s) móvel (móveis) considerando-se a aceitação e análise de sua mobilidade. Como se vê, tal assertiva retoma o que foi dito anteriormente: "o que se delineia em explicações a respeito do tempo pode ser chamado de temporalidade" (página 20 deste texto), e "uma percepção ontológica de 'espaço' está categoricamente associada à espacialidade, assim como a de 'tempo', à 'temporalidade'. Ambas cognitivamente processadas" (página 24 supra). Tratemos disso, então, na seção a seguir.

#### 2.3.2.1 Aporias do tempo-espaço

No conhecido "Tratado do tempo" (capítulos 10 a 14 do livro *Física*), o filósofo Estagirita, ainda que se deixe indagar quanto à não existência do tempo[15] (por extensão, do espaço de acontecimento do tempo), estabelece que o princípio conceitual do tempo se dá ao considerar-se a existência deste, mesmo que seu alcance só seja possível pela investigação dos princípios, das causas, da natureza do movimento. Isso configura o tempo como um 'ser' relacional, a exemplo do que se faz quando Aristóteles aborda noções de infinito, de lugar, de vazio. Não se quer dizer, com isso, que haja plena identidade, plena semelhança entre o ente 'movimento' e o 'ser-do-tempo' (esta noção será retomada à página 38), o que, por sua

[15] Para ser mais sucinto nesta seção, eis, em nota, duas das principais aporias com as quais, segundo Aristóteles (*apud* Pinto, 2009, p. 19), o filósofo terá de se haver no trato com o tempo: a) uma parte do tempo não é, pois já foi; outra parte não é, pois ainda não é; o que é composto por partes que não são, não pode ser; b) se algo é divisível, necessariamente todas ou algumas de suas partes devem existir. Mas do tempo — seja enquanto infinito, seja enquanto limitado — algumas partes já foram e outras ainda serão. O agora não é uma parte, pois uma parte é uma medida do todo, que é composto por partes, e o tempo não parece ser composto por 'agoras'.

vez, poderia levar à não admissão inicial de que, do ponto de vista aristotélico, haja a relação fundamental entre a percepção humana da natureza ontológica do tempo e a necessidade de existência do movimento[16].

Descarta-se de antemão a ideia de não existência do tempo — *Krónos*, para os gregos —, por se avaliar que, se se considerar qualquer sofisma nesse sentido, o discurso a respeito deste 'ente' — o tempo — passa a ser um discurso do nada, um *flatus vocis*. Mas, por outro lado, se o tempo existe, é necessário buscar-lhe as evidências ao alcance do homem e explicar-lhe a natureza, à luz da ciência. E este é um desafio milenar. Pinto (2009), já citado à página 31 deste texto, bem expressa quanto se tem ocupado na busca das evidências e explicações a respeito da natureza do tempo. O que se coloca em pauta é exatamente o exercício de explicar a existência do tempo e a dificuldade imanente de relacionar-lhe e/ou expor-lhe atributos que deem conta de expressar/representar a sua real natureza. No entanto, é inegável que ele nos é perceptível a partir de movimentos universais; razão pela qual o homem, ao longo das eras, aprimorou instrumentos cronológicos com os quais se pode, para o senso comum, mensurar e/ou dividir o tempo.

O advento do relógio, então, torna-se referência para se discutir a natureza do tempo. Mas é possível, realmente, medir o tempo? Esta pergunta, presente nas indagações de Aristóteles, também comum nos questionamentos de Heidegger, orienta o início de explicações relativas ao tempo. Um e outro pensador questionam se a 'contagem de tempo' efetuada com tal instrumento dá, realmente, a conhecer a natureza plena do tempo. Retomada a questão pela perspectiva de Aristóteles, indaga-se: "o que o relógio 'conta' é o tempo ou o movimento?"[17].

Dada a ideia de intervalos de tempo (de frações de segundo a milênios) mensurados pelo relógio, também é possível perguntar: a) "é o tempo, então, divisível?" Se sim, b) "há um limite no tempo?" c) O que dizer, nesse caso, da infinitude numérica na escala de números inteiros ou entre dois números dessa escala (1 e 2, por exemplo, entre os quais existe um conjunto infinito de números)? Se considerarmos cada intervalo numérico dessa

---

16 Para não entrar no mérito da discussão, apenas ressalvo que a confirmação dessa assunção de Aristóteles à relação tempo/movimento se confirma nas palavras de Puente (2001, p. 135-136) citadas, aqui, para garantir a brevidade desta seção: "O décimo primeiro capitulo do quarto livro da *Física* começa em plena continuidade com o décimo, porquanto se o décimo capítulo concluía com evidente constatação da não identidade entre tempo e movimento [...] o décimo primeiro, introduzido pela conjunção adversativa 'mas', inicia-se postulando a tese contrária de que o tempo tampouco pode existir na ausência".

17 "... o tempo ou a temporalidade?" em Heidegger.

escala como uma medida de tempo, teremos um 'tempo' infinitamente fracionário; fora dessa escala, na sucessão dos números inteiros naturais, também teremos um tempo ilimitado. Assim, de um lado, teremos um 'tempo' infinitamente fracionário, concebido como uma abstração do vazio absoluto. De outro, considerando-se a sucessão dos números inteiros naturais, teremos um 'tempo' ilimitado, concebido como uma abstração do pleno absoluto (note-se que esse tipo de abstração também se aplica à noção de espaço). d) "O que é, então, a sua totalidade?"; e) "e como explicar tal totalidade, se ela é também concebida como infinita?" Ou ainda: f) "é possível alcançar o infinito do tempo?" Se não, g) "o que realmente se alcança do tempo, considerando que este só é acessível/ perceptível ao homem no presente?" Finalmente, nesse contexto, h) "o que é o presente, comparado ao passado e ao futuro?"

Circularmente, tais perguntas e/ou percepções nos (re)enviam ao conceito de 'agora' e de 'aqui' do/no tempo-espaço já tratado anteriormente, a partir da página 21. Entrevê-se, com Aristóteles, que o 'agora' é o limite do tempo[18]; "o agora, que parece delimitar o que já foi e o que ainda não é", já que "o agora é limite e o tempo é tomado limitado" (Pinto, 2009, p. 21, nota de rodapé); "ele é sempre, mas sempre diferente" (Pinto, 2009, p. 22). Considerando-se as aporias aristotélicas, a exemplo das citadas à nota 15, à página 33, tem-se também outra possibilidade de análise do agora: não mais como a limitação do tempo (pelo menos o considerado infinito), mas enquanto limite único e sempre mutável que conecta, sem cessar, o passado — infinito à condição humana — e o futuro — também infinito. Em qualquer uma das perspectivas de análise, o 'agora' é a única porta de acesso ao tempo. Assim, o foco da investigação do tempo precisa, necessariamente, centrar-se no 'agora'.

Se para a dialética aristotélica o único elemento do tempo que existe é o 'agora'; se se pode dizer que, na temporalidade do tempo, uma parte já aconteceu — é passado — e outra ainda acontecerá — é futuro —, do mesmo modo que possa ser dito do movimento, que, a cada vez, uma parte já se foi e outra ainda será, o que nos resta, o que é dado aos 'olhos' do observador é o 'agora'. Um ínfimo 'ente' (in)determinado e sucessivo no instante presente, já que o 'agora' é sempre, mas sempre diferente de si mesmo. É justamente a partir deste 'ente' (que, mudando-se constan-

[18] Note-se que, na aporia 'b' da nota 15, há duas categorias de tempo: a) o tempo infinito e b) o tempo cada vez tomado, enquanto intervalo limitado pelo 'agora'.

temente, mantém a unidade (in)determinada no instante) que Aristóteles propõe a investigação da relação entre a natureza do movimento e a condição de ser do tempo. Segundo Coope, o filósofo

> [...] vai definir o tempo como algo que depende essencialmente de mudança. Sua opinião é que, para o tempo ser, deve haver mudanças e estas mudanças devem, em algum sentido ser explicadas, ser contáveis. Isso é suficiente para resolver seus enigmas iniciais sobre o tempo? Nós podemos afirmar que, embora haja um sentido em que tudo que existe no tempo é agora, o tempo, no entanto, pode existir em virtude de sua relação com a mudança? A ideia seria apelar para o fato de que 'agora' não é meramente uma potencial divisão no tempo, mas também uma divisão potencial em mudanças. Se há tais mudanças (e se nós podemos ordená-las de uma certa maneira, contando 'agoras'), talvez isto é tudo o que é necessário para que haja tempo. (Coope, 2005, p. 24).

Como se nota, sugere-se que o tempo 'é' para o homem, em virtude do fato de que mudanças acontecem e podem ser contadas, mensuradas. Entretanto, explicar como o 'ser do tempo' depende do 'ser de mudanças' nos leva ainda um tanto mais longe no pensamento aristotélico, já que a forma como se constrói a relação tempo/mudança (o que implica movimento) deixa transparecer que o enigma sobre as 'partes' do tempo pode ser estendido às sucessivas e (in)contáveis mudanças do/no mundo e, por isso, possa ser entendido por meio desse movimento. Isso torna determinativo que se percorra, rapidamente, a noção de movimento dos corpos na visão aristotélica.

#### 2.3.2.2 Tempo-espaço em função do movimento

Nas análises aristotélicas a respeito do movimento e de suas causas, 'alocam-se' dois mundos espacialmente distintos: o 'mundo sublunar' e o 'mundo supralunar'. O primeiro, situado abaixo da Lua, onde estamos, comporta objetos, corpos – constituídos por quatro elementos: água, terra, fogo e ar — que se movimentam e se organizam em consonância com a sua própria natureza, com a sua composição. "Consequentemente, quanto maior massa tivesse um objeto, mais rapidamente tombaria ele, pois que maior sua tendência de buscar o centro da Terra" (Bernstein, 1975, p. 18). Daí decorre o princípio geral da Física Aristotélica segundo o qual "todo elemento desloca-se em direção de sua esfera, se não for impedido" (Aristóteles, 1995, p. 114)[19], já que cada coisa tem um lugar que lhe é próprio, como um recipiente onde repousam as coisas naturais, de acordo com a sua natureza e independentemente da observação do observador (Aristóteles, 1995). E os corpos naturais "só podem se encontrar em dois estados, a saber, em movimento ou em repouso" (Puente, 1998, p. 114). Note-se que se recorre à condição espacial dos corpos para, a partir do movimento destes no espaço, pensar-se a organização do tempo.

O segundo mundo alocado pelo filósofo grego, estabelecido para além do 'mundo sublunar', é interesse da Cosmologia. A esta, então, compete tratar do movimento de corpos celestes (compostos por uma *quinta essência*), que se organizam no 'mundo supralunar' e o constituem. Na visão do filósofo, a constituição diferenciada dos corpos 'quintessenciados' garante trajetórias concêntricas perfeitas: órbitas circulares com exatidão temporal[20] — o que foi denominado '*movimento circular uniforme*'. Dessa forma, constrói-se a uma noção de tempo medido pelo movimento espacial astronômico de 'círculos uniformes', a partir dos quais se passaria a medir os movimentos sublunares. E, dada a inexatidão dos movimentos de corpos sublunares e a necessidade de definir o tempo e/ou mensurá-lo, justifica-se a necessidade de se recorrer à exatidão dos movimentos supralunares para se garantir uma medida exata/universal do tempo.

Essa noção de organização/movimentação dos corpos no mundo/espaço sublunar tomado como 'material'[21] de estudo da Física aristotélica, ainda que repensada, reorganizada e 'corrigida'[22] pela própria Física Moderna[23], 'imprime' consequências ao entendimento a respeito do sen-

---

[19] A maioria das assertivas inscritas nesta seção são traduções livres da versão em espanhol de: ARISTÓTELES. **Física.** Traducción y notas de Guillermo R. de Echandía. Madrid: Planeta de Agostini, 1995.

[20] Ressalva-se que a concepção da época era de que o Sol e os planetas giravam em torno da Terra.

[21] Aqui, na acepção de 'conteúdo', 'assunto', 'objeto' a partir do qual determinada atividade (estudo, pesquisa etc.) pode ser desenvolvida e conduzida a suas finalidades específicas.

[22] A correção aqui mencionada está sinalizada em Pinto (2008, p. 62-63): segundo a física de Aristóteles, todo corpo se encontra naturalmente em repouso, somente abandonando seu lugar natural pela intervenção de uma força, para ali retornar tão logo cesse o efeito dessa mesma força. Assim, nesse mundo sublunar, todo sólido terreno em movimento busca o centro do planeta, e daí a queda deles. Isso assim se dá, pois esse é seu objeto natural. Ademais, a velocidade desses corpos seria diretamente proporcional à sua massa. Em outras palavras, quanto maior é a massa desse corpo em movimento, mais rápido é o seu movimento, uma vez que há aí uma tendência maior a buscar seu lugar natural. Contudo, a relação entre teoria e observação dos fenômenos não foi devidamente sistematizada pelos gregos. Caso contrário, a sistematização dos experimentos teria apresentado a eles que essa relação estabelecida entre a massa e a velocidade da queda de um objeto é falsa.

[23] Classificação dada ao grupo de teorias erguidas no começo do século XX a partir da Mecânica Quântica, da Teoria da Relatividade, bem como das teorias daí decorrentes. Sobretudo essas duas primeiras teorias dão origem a alterações no entendimento das noções de espaço, tempo, medida, causalidade, simultaneidade, trajetória e localidade, todos diretamente relacionados com a noção de movimento e com o processamento de tempo-espaço que aqui se configura.

tido físico[24] de tempo. De acordo com a conhecida concepção aristotélica de que tempo é "número de movimento segundo o anterior-posterior" (Puente, 1998, p. 99), o tempo não é o movimento em si, mas está em função deste, é-lhe uma 'medida' absolutamente imutável: variável e multiforme é o movimento dos corpos no(s) mundo(s) sublunar(es), entre eles o do homem; o tempo é invariável e mensurável. Isso significa anuir à ideia de que é possível medir o tempo a partir de instrumentos com esse fim e, mais ainda, asseverar que, se, por um lado, a) "sem a regularidade do 'movimento circular uniforme' das esferas celestes, seria impossível que o espírito humano fixasse a medida universal do tempo" (Pereira, 2008, p. 64), por outro, b) "não há tempo fora da alma", já que o tempo, como ser originado/mensurado à percepção humana a partir dos movimentos, tem a sua existência dependente da existência da alma que o conceba/mensure e de movimentos mensuráveis. Em outras palavras: sem a alma que percebe e sem o movimento a partir do qual é percebido, não há tempo mensurado.

Dessa forma, tem-se a construção de uma conexão entre o movimento e o tempo. Não uma identidade plena que permita afirmar que "tempo é movimento". E por razões simples: primeiro, considere-se que, conforme a percepção do estagirita, tanto o movimento quanto a mutação ocorrem exclusivamente no ente móvel ou em mudança e só em relação a ele, já que "não há movimento além das coisas", enquanto o tempo está em toda parte e junto a todas as coisas. Em segundo lugar, uma mudança pode ter uma ou outra qualidade/intensidade, ser mais ou menos dinâmica, veloz ou lenta etc. E isso não pode ser dito do tempo em si: embora atributos como 'rapidez' e 'lentidão' sejam determinados pelo próprio tempo, subordinados à percepção que se tem dele (diz-se 'rápido' o que se move muito em pouco tempo, e 'lento' o que se move pouco em muito tempo), o tempo propriamente dito é invariável e constante. Além do mais, para se dizer da 'lentidão' ou 'rapidez' de uma determinada mudança, esta deve ser comparada a alguma outra mudança, em condições semelhantes ou diferentes, o que implica a existência plural de mudanças ou de 'entes' em mutação, para que sejam comparados entre si, o que não é possível na predicação do tempo: mesmo que possa ser quantificado, o tempo, ao contrário do movimento, não se submete a uma qualificação — rápido/lento, por exemplo.

[24] Ainda conforme nota 12, à página 30 deste texto.

Paradoxalmente, inobstante à condição de subordinação dos referidos predicativos ('rapidez', 'lentidão'), a concepção 'física' do tempo depende do movimento, ou seja, para a percepção humana, "não existe tempo onde não há movimento" (Aristóteles, 195, p. 152). Em outras palavras, se pensar o tempo como 'movimento' ou 'mudança' é, por um lado, enganoso, por acarretar certa substancialização do tempo, na medida em que a mudança ou o movimento só acontecem em função da existência de um ente mutável; por outro lado, conceber o tempo na ausência de movimento parece impraticável, já que tal ausência só seria possível com a supressão do mundo físico e de mundos possíveis — a supressão do espaço, por excelência. O tempo, nessa concepção, não é percebido, não subiste além ou aquém, como algo dissociado da mobilidade do mundo, da mobilidade de objetos espaciais. Ele (o tempo) só se constitui na relação direta com o 'ser em movimento', o 'ser-em' heideggeriano de que se fala na seção anterior (a partir da página 24), que é, necessariamente, temporal e que se faz, que se objetiva, espacializando-se no mundo.

Por isso, mesmo que se diga que o tempo é 'muito' ou 'pouco', 'breve' ou 'longo', tal predicação, quando associada ao tempo, evidencia mais uma quantificação que uma qualificação, já que, geralmente, tais modificadores decorrem da percepção de 'duração' (associada à quantidade de minutos, horas, dias etc.) de tempo com que se realizou, realiza ou realizará um determinado evento, movimento, acontecimento, mudança. A qualificação, nesse caso, não seria um atributo do tempo em si, mas uma subjetivação de quem compara o tempo de realização/mudanças das coisas em movimento no mundo. É o que comumente se chama de 'tempo psicológico', cuja fluência é avaliada em consonância com o estado de espírito do observador. Por isso mesmo, é considerado variável com a condição emocional do sujeito que vivencia o movimento observado.

Está-se, novamente, diante da noção de tempo dependente do 'ser-em' heideggeriano, móvel no próprio tempo-espaço. Nesse caso, considerando-se que a existência temporal está diretamente relacionada à percepção de movimento/mudança dos seres do/no mundo, o tempo (por extensão, o espaço) começa a se configurar como um ente de natureza epistemológica: uma 'expressão conceitual' necessária e universal para que o homem compreenda o seu próprio movimento de vida no mundo, a sua permanência *mutatis mutandi*, situada entre o que se foi e o vir a ser existencial do/no tempo-espaço: fluxo permanente, movimento ininterrupto, atuante como uma lei geral do universo, que dissolve, cria e transforma todas as realidades existentes.

Essa forma de percepção assegura a noção de linha do tempo dos objetos, pessoas, acontecimentos no mundo, já que a trajetória ao longo do espaço-tempo conduz à ideia uma progressão irreversível da existência em uma só direção temporal. Carroll (2010) ilustra como a linha de mundo de um objeto é percebida enquanto um conjunto completo das posições do objeto no mundo, marcado/registrado/categorizado no momento particular em que estava em cada posição. Segundo ele, "objetos (incluindo pessoas e gatos) persistem de momento a momento, definindo linhas de mundo que se estendem ao longo do tempo" (Carroll, 2010, p. 16), conforme se desenha a seguir:

Figura 1 – Ordenação do mundo na linha do tempo

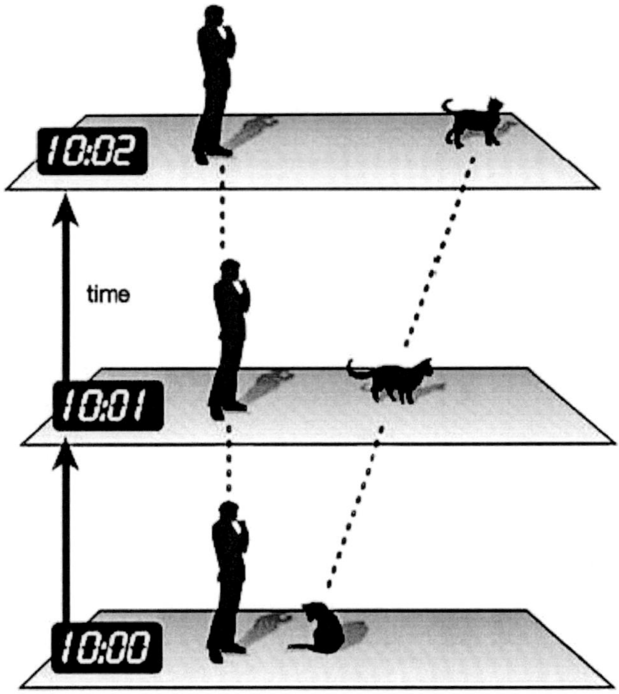

Fonte: Carroll (2010, p. 16)

Para o referido autor,

> [...] o mundo nos aparece uma vez, e outra vez, e novamente, em várias configurações. Mas essas configurações são, de

> alguma forma, distintas. Felizmente, podemos rotular tais configurações para manter em linha reta qual é qual[25] (Carroll, 2010, p. 16, tradução nossa)

isto é, para conservar, em ordem contínua e ininterrupta, coisa com coisa, cena a cena. A partir da ilustração *supra*, considerando-se as explicações de Carroll, dizer que a gata (*Miss Kitty*, nas palavras do autor) está indo embora '*agora*' e que ela estava no seu colo '*então*' é rotular, e "este rótulo é o tempo" (*That label is time*).

Todavia, nas reflexões propostas ao longo deste texto, não se concebe a ideia de rótulo à natureza 'tempo', sob pena de reduzi-lo limitá-lo a um determinado instante. Pode-se dizer que, por esta razão, o que Carroll rotula de 'tempo' não apresenta diferença qualitativa ao que chamamos 'temporalidade' (esta sim passível de rótulo), já que, nessa perspectiva, o tempo está colocado como uma coordenada de localização de eventos no espaço. Note-se que, na ilustração de Carroll, o que está rotulado como três cenas é necessariamente uma só realidade em construção: há, essencialmente, um só homem e um só gato no contínuo do tempo-espaço. A sucessão de rótulos, no caso específico, pode ser concebida como uma construção linguística da história de ambos, homem e gato. A história se realiza e é percebida no tempo; a construção linguística promove também a construção da temporalidade, por meio do que Carroll chamou de rótulo. Conforme veremos à página 45, esta é, também, uma interpretação, que, igualmente, retrata um aspecto epistemológico da noção tempo-espaço.

De forma mais refinada, as precisões na categorização do tempo-espaço e os procedimentos de representação dessa(s) realidade(s) assumem formas comuns entre os homens. Considera-se, nesse caso, a progressiva capacidade de abstração da humanidade e o também crescente papel das medições temporais e espaciais, por meio de medidores, relógios e calendários: com a instrumentação tecnológica o homem edificou sistemas de 'representação' em que espaço e tempo ganham uma autonomia e uma precisão cada vez maiores. Assim, no cotidiano linguístico das pessoas, 'tempo' se configura como um conceito cognitivamente fundamental, por meio do qual início e fim, alterações, sucessão de eventos etc. podem ser facilmente categorizados e descritos. O análogo é válido para a autonomia cognitiva de espaço, já que é aparentemente possível remover objetos

[25] Tradução livre de "[...] the world appears to us again and again, in various configurations, but these configurations are somehow distinct. Happily, we can label the various configurations to keep straight which is which".

de espaços sem perder a percepção do espaço projetado[26]. Ressalvam-se casos imaginariamente extremos, conforme alerta Helbig:

> É claro, este experimento mental não funciona para a remoção de todos os objetos. O análogo é válido para o tempo. Se alguém imagina que alguns eventos de uma multiplicidade de eventos são cancelados, o tempo não desaparece. Mas em um mundo totalmente sem eventos, não há lugar para o tempo.[27] (Helbig, 2006, p. 132, tradução nossa).

Segundo Carroll (2010), John Archibald Wheeler, físico americano influente que cunhou o termo "buraco negro", questionado sobre como ele definiria[28] o tempo, respondeu que "O tempo é a maneira da natureza de manter tudo acontecendo de uma só vez". Para o próprio Carroll, há aqui um sinal de que, ordinariamente, quando pensamos não como cientistas ou filósofos, mas como pessoas que aprendem ao longo da vida, tendemos a identificar "o mundo" como uma coleção de "coisas" autônomas, localizadas em vários "lugares" (isso é válido à 'coleção' de todas as coisas, em todos os lugares — dos mais próximos aos mais longínquos do espaço intergaláctico). Entendemos que o tempo, na perspectiva de Wheeler, *supra*, é feito o Pivô do mundo, que une as versões das coisas e/ou acontecimentos, que une os versos. E, categorizado como tal, é presente em todo o UNI-VERSO: do micro ao macro, todo o universo (dos seres e acontecimentos) tem, em si, o tempo presente, que o ordena e o constitui.

Assim, se, com a nossa percepção, somos capazes de categorizar o mundo que acontece, novamente e novamente, dentro de uma ordem e/ou sequência tal que nos pareça sempre uno e sempre diverso, podemos dizer que cada ato perceptivo, perante todos os atos perceptivos possíveis, é uma ínfima e diferente cena constitutiva de um complexo filme de alcance universal, a vida, a desenrolar quadro a quadro, no grande cenário chamado espaço universal. Nessa acepção, o tempo não se configura como um rótulo em cada cena, em cada instância do mundo. Ele é percebido como este 'ente' que garante a união e a ordem das cenas e que nos dá a sensação de simultaneidade, sequência, continuidade das coisas e acontecimentos do mundo (trataremos disso na seção 4.3).

---

[26] Compreenda-se *projetado cognitivamente*.

[27] Tradução livre de "Of course, this mental experiment does not work for the removal of all objects. The analogue is true for time. If one imagines that some events from a multitude of events are canceled, time does not disappear. But in an entirely eventless world there is no place for time".

[28] 'Definir', como entendido aqui, só é possível graças à capacidade cognitiva de categorização.

Considerando-se, dessa forma, a condição humana de perceber/categorizar/construir o mundo, por meio dos cinco sentidos, parece indiscutível que, em vez de uma coleção de quadros ou flashes de coisas distribuídas aleatoriamente no espaço, que permanece mudando em diferentes configurações, o homem percebe a história do mundo, e/ou de coisas específicas nele, inclusive o próprio homem, o próprio self, como veremos na seção 3.3.

Uma ressalva é importante nesse contexto: sobretudo depois da descoberta dos "saltos quânticos', há, na Física, um senso (entenda-se 'senso' como categorização mais ou menos comum a uma comunidade) de que a continuidade não é absoluta, em nível microscópico: "partículas podem aparecer e desaparecer, ou pelo menos transformar, em condições adequadas, em diferentes tipos de partículas"[29] (Carroll, 2010, p. 15, tradução nossa). Mas isso não inviabiliza o que dissemos anteriormente, já que não há um rearranjo no "atacado" da realidade, de forma indiscriminada, de momento a momento, pelo menos mediante o que é perceptível aos sentidos humanos. Por isso, fiz a afirmação anterior de que também é possível pensar não como cientistas ou filósofos, mas como pessoas que aprendem ao longo da vida.

### 2.3.3 Do movimento circular uniforme à teoria da relatividade

Conforme vimos na seção anterior, considerou-se fundamental a percepção dos movimentos e da organização de corpos celestes *supralunares* como condição necessária para se medir o tempo. E isso compunha o escopo de análises da Cosmologia grega. Entretanto, este ramo da Astronomia apresentou certas contradições em relação ao que se postulou quanto aos movimentos dos planetas. Segundo Pereira,

> Tais movimentos em relação às "estrelas fixas" se mostravam por demais complexos e não caracterizavam-se (*sic*) pela uniformidade. E ao invés de se questionar a sustentabilidade do movimento circular uniforme em relação aos astros, fez-se aquilo que muitas vezes ainda se faz em ciência, ou seja, tentou-se acomodar a contraditoriedade das observações às hipóteses inicialmente lançadas. (Pereira, 2008, p. 64).

[29] Tradução livre de "particles can appear and disappear, or at least transform under the right conditions into different kinds of particles".

Tal acomodação, segundo Bernstein (1975), rendeu aos estudiosos da época[30] o cauteloso exercício de arquitetar a acomodação de uma série de órbitas circulares superpostas umas às outras, o que, a nosso ver, tinha o intuito de acomodar, às necessidades de teorias locais, os complexos movimentos dos planetas observados, conforme descrições 'imantadas' pela noção de 'movimento circular uniforme'. Esse exercício descritivo perdurou "pelo menos até o séc. XVI" (Pereira, 2008, p. 65).

Como se sabe, Copérnico (1473-1543) repensa o tratado do movimento e constrói a teoria heliocêntrica em oposição ao geocentrismo da época. Com o texto *As revoluções dos orbes celestes*, esse astrônomo e matemático polonês muda o centro referencial dos movimentos planetários não para romper com as teorias da época, mas, segundo Bernstein (1975) e Pereira (2008), para simplificar e reduzir as complexidades existentes quando se tentava manter uma ordem cosmológica sustentada pelo conceito de movimento circular uniforme das esferas celestes.

Na sequência, à humanidade surgem as contribuições do astrônomo dinamarquês Tycho Brahe (1546-1601), cujos dados de observação foram analisados e sistematizados pelo considerado pai da astronomia moderna[31], Johannes Kepler (1571-1630), segundo os quais a órbita de Marte se desenhava no espaço na forma de uma elipse. Com tal descoberta, reconstrói-se o princípio da descrição da movimentação interplanetária, que antes foi apresentada em termos de movimentos circulares uniformes, e passa a idealizar, admitir, realizar a descrição dos movimentos dos planetas em órbitas elípticas. Tem-se, nesse feito de transformação, a abertura para se repensar a Mecânica do Movimento, o que, de alguma forma, sinaliza uma alteração da percepção e da concepção humana, em decorrência da mudança na relação sujeito/objeto do conhecimento.

Com tais transformações no pensamento físico, filosófico, matemático em evidência, despontam os achados de Galileu Galilei, que, além de contribuir decisivamente na defesa do heliocentrismo, refuta e refaz o conceito da velocidade e queda dos corpos em relação às suas massas. Diferentemente do que se mostrou à página 36 nos postulados de Aristóteles ("quanto maior massa tivesse um objeto, mais rapidamente tombaria no espaço que lhe seria próprio"), o físico italiano afiança, pela primeira vez, que, independentemente da diferença de suas massas, dois corpos,

[30] Destaca-se Ptolomeu: astrônomo grego que viveu no Egito no século II d.C. "A obra por ele realizada recebeu síntese em livro a que se dá o título de Almagesto (o maior) e que dominou a astronomia planetária europeia até a Renascença" (Bernstein, 1975, p. 19).

[31] Para mais informações, *vide* Pereira (2008, p. 65).

se lançados do mesmo ponto do espaço, sob as mesmas condições, caem com a mesma aceleração e atingem a terra ao mesmo tempo.

Além de outras contribuições de Galileu Galilei, pode-se arrolar as ideias de Descartes, sobretudo por se considerar o '*cogito*' cartesiano como "um conhecimento temporal, contingente" (Lago, 2004). O que também põe à mostra a problemática do sujeito no tempo-espaço, já que coloca em análise a certeza da existência e permanência do ser/sujeito em face dos diversos momentos do/no tempo-espaço. Mas, para manter o mínimo possível de brevidade desta seção, tais ideias não serão expostas aqui. Quer-se apenas ressalvar que, a partir delas, alguns pensadores[32] promovem 'interpretações' diversas e/ou divergentes para a natureza do tempo:

> Em Mora (1971, p. 3494), por exemplo, encontramos: "O tempo é um modo de compreender numa medida comum a duração de todas as coisas". Wahl (1953, p. 24), por seu turno, diz que ele é uma medida que tem por base os movimentos exteriores regulares para garantir a sua exatidão. Para Grimaldi (1996, p. 175), o tempo enquanto "um certo modo pelo qual nós pensamos a duração de todas as coisas" pode ser visto como uma mera "noção operatória". Beyssade (1979, p. 131), por sua vez, compreende o tempo como um parâmetro universal para a medida das durações; tal parâmetro consiste na duração de certos movimentos privilegiados, como é a duração dos movimentos dos astros. O mesmo comentador acrescenta ainda uma interessante metáfora: o tempo seria o receptáculo de todas as durações, "uma forma, como tal, vazia, em que as durações são os diferentes conteúdos que a preenchem", sejam elas simultâneas ou sucessivas. Para Vigier (1920, p. 227), o tempo cartesiano é considerado como "a escolha de um ponto de referência" que considera um sistema de movimentos regulares, cuja duração nos serve para apreciar a duração dos outros movimentos e também das coisas. Ele compara este ponto de referência a uma

[32] Como são inúmeros os estudos a partir das ideias de Descartes, apresentaremos, a seguir, apenas uma rápida citação em que se entrevê a diversidade de interpretações do que seja o tempo cartesiano. Não trataremos dessa questão, aqui, por entendermos que ela envolve profundas indagações epistemológicas. Cita-se, a partir de Silva (2010), um pequeno conjunto de dizeres a respeito do tempo na perspectiva de Descartes, com o intuito de salientar a contribuição deste filósofo, físico e matemático francês ao pensamento moderno relativo à natureza do tempo — e também do espaço —, que alicerça os argumentos a se construírem neste livro.

> medida de comprimento que permite mesurar e comparar a extensão de algum objeto. (Silva, 2011. p. 2).[33]

Tais interpretações, ainda que plurais — tanto como noção operatória quanto parâmetro, ponto de referência, método etc. —, indiciam, todas, uma perspectiva epistemológica da noção de tempo. Num aspecto geral, em vista destes e de um conjunto maior de textos[34] a respeito do tempo em Descartes, há dois grupos distintos de percepção/entendimento da visão cartesiana de tempo: a) ora apontam para a noção de tempo associada a um conjunto de momentos que constituem uma duração, e, dada a temporalidade do pensamento, tais momentos, mesmo que independentes uns dos outros, podem ser ligados pelo pensamento de maneira sucessiva; b) ora vislumbram uma noção de tempo descontínuo, que se compõe de partículas indivisíveis e instantâneas — os estados psíquicos, nesse sentido, seriam instantâneos e não haveria temporalidade e/ou duração do pensamento humano.

Aqui, temos mais uma variação interpretativa que, em função dos possíveis desdobramentos linguístico-cognitivos, interessa ao nosso estudo. Anteriormente, vimos que as diferentes maneiras de dizer o tempo-espaço constroem os denominados "tempo-espaço em Aristóteles", "tempo-espaço em Copérnico" etc. Agora, vemos um desdobramento interpretativo a partir de leituras/interpretações possíveis ao pensamento cartesiano, ou seja, o pensamento a respeito do tempo-espaço, expresso por um sujeito (Descartes), ganha dimensões 'representativas' diferentes quando interpretado por outros sujeitos do conhecimento. E, neste caso, o interessante é perceber que se está diante de interpretações de uma interpretação do tempo-espaço, o que promove um distanciamento e uma (re)organização conceitual em relação ao objeto tempo-espaço, já que, neste particular, não se trata de dizer "o que é o tempo-espaço", mas "o que é o tempo-espaço em Descartes". Da mesma forma, outros desdobramentos, distanciamentos, (re)organizações podem ocorrer, se outros sujeitos resolverem analisar o que já foi dito a respeito do pensamento de Descartes em relação ao tempo. Nesse caso, teremos uma complexa rede de atividades cognitivas e de postos de interpretações, que pode ser assim esquematizada: há 1) o Tempo-Espaço; 2a) o tempo-espaço para

[33] A autora se refere respectivamente a: a) MORA, Ferrater. *Dicionário de filosofia*. Buenos Aires: Sudamericana, 1971; b) WAHL, Jean. *Du role de l'idée de l'instant dans la philosophie de Descartes*.10. ed. Paris: J. Vrin, 1953; c) GRIMALDI, Nicolas. Le temps chez Descartes. *Revue Internationale de Philosophie*, Bélgica, v. 50, n. 195, 1996; d) BEYSSADE, Jean-Marie. *La philosophie première de Descartes*. Paris: Flammarion, 1979; e) VIGIER, Jean. Les idées de temps, de durée et d'éternité dans Descartes. *Revue Philosophique*, Paris, n. 89, 1920.

[34] Por razões já mencionadas, aqui não apresentados.

Descartes[35]; 3a, b, c, n) o tempo-espaço em interpretações do pensamento de Descartes a respeito do tempo-espaço; 4a, b, c, n) o tempo-espaço em interpretações das interpretações do pensamento de Descartes a respeito do tempo-espaço [...]

O quadro a seguir ilustra possíveis desdobramentos desse pensamento, considerando, em cada nível de interpretação/representação, apenas uma das muitas possibilidades 'representativas' da noção de tempo-espaço, a partir do pensamento de Descartes, por exemplo. Pode-se prever infindos quadros com outras múltiplas combinações interpretativas.

Quadro 1 – Interpretações do tempo-espaço a partir de Descartes

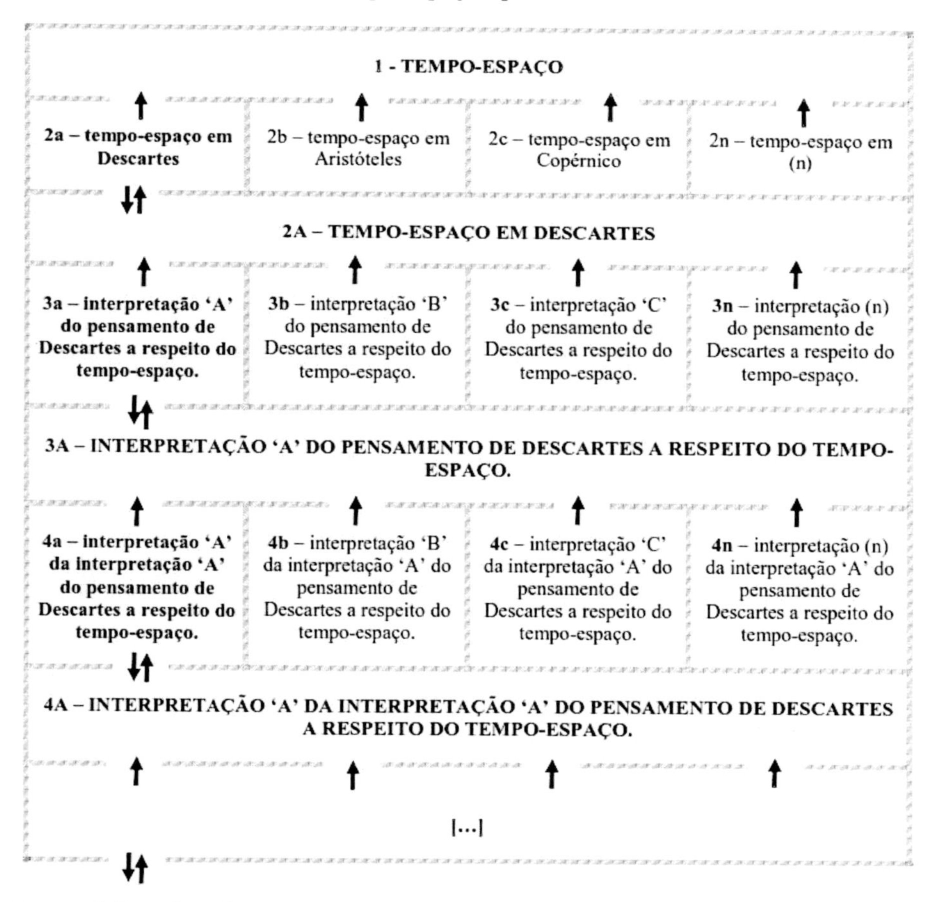


Fonte: elaborado pelo autor

[35] Ou qualquer outro pensador: 2a, 2b, 2c, 2n...

Consideremos, também, o mesmo quadro interpretativo a partir do pensamento de Aristóteles:

Quadro 2 – Interpretações do tempo-espaço a partir de Aristóteles

**1 - TEMPO-ESPAÇO**

↑ ↑ ↑ ↑

| 2a – tempo-espaço em Descartes | **2b – tempo-espaço em Aristóteles** | 2c – tempo-espaço em Copérnico | 2n – tempo-espaço em (n) |
|---|---|---|---|

↓↑

**2B – TEMPO-ESPAÇO EM ARISTÓTELES**

↑ ↑ ↑ ↑

| **3a – interpretação ‘A’ do pensamento de Aristóteles a respeito do tempo-espaço.** | 3b – interpretação ‘B’ do pensamento de Aristóteles a respeito do tempo-espaço. | 3c – interpretação ‘C’ do pensamento de Aristóteles a respeito do tempo-espaço. | 3n– interpretação (n) do pensamento de Aristóteles a respeito do tempo-espaço. |
|---|---|---|---|

↓↑

**3A – INTERPRETAÇÃO ‘A’ DO PENSAMENTO DE ARISTÓTELES A RESPEITO DO TEMPO-ESPAÇO**

↑ ↑ ↑ ↑

| **4a – interpretação ‘A’ da interpretação ‘A’ do pensamento de Aristóteles a respeito do tempo-espaço.** | 4b – interpretação ‘B’ da interpretação ‘A’ do pensamento de Aristóteles a respeito do tempo-espaço. | 4c – interpretação ‘C’ da interpretação ‘A’ do pensamento de Aristóteles a respeito do tempo-espaço. | 4n – interpretação (n) da interpretação ‘A’ do pensamento de Aristóteles a respeito do tempo-espaço. |
|---|---|---|---|

↓↑

**4A – INTERPRETAÇÃO ‘A’ DA INTERPRETAÇÃO ‘A’ DO PENSAMENTO DE ARISTÓTELES A RESPEITO DO TEMPO-ESPAÇO**

↑ ↑ ↑ ↑

[...]

↓↑

Fonte: elaborado pelo autor

Como se vê, o diverso conjunto de interpretações conceituais a respeito do tempo-espaço forma uma infindável teia interpretativa/representativa desse ‘objeto de discurso’, (re)construído por inúmeros sujeitos, em tempos e espaços diversos. Essa pluralidade de ‘olhares’ possíveis para um objeto discursivo constrói teorias, comunidades de pensamento, organizadas segundo noções mais ou menos comuns em torno de uma realidade discursiva. Por isso, quando se percorre a literatura construída a partir dessa rede interpretativa do tempo-espaço, encontram-se tanto 'representações' linguístico-cognitivas mais ou menos diversas quanto mais ou menos comuns.

Assim, seja pela perspectiva da Física, seja pelo ponto de vista filosófico, todos os construtos teóricos (objetos discursivos de Galileu, Copérnico, Kepler, Descartes) associam 'movimento', 'fluxo', 'duração' à percepção humana de tempo-espaço, ainda que tais pensadores tenham refutado e/ou ampliado o pensamento aristotélico exposto anteriormente, a respeito da natureza do tempo-espaço. Em função disso, pode-se afirmar que

> [...] a idéia aristotélica de um tempo consecutivo à realidade do movimento, com todos os movimentos contingentes da natureza subordinados ao movimento uniforme e eterno do céu, passa a ser substituída pela concepção de um tempo que se confunde com uma duração infinita, um tempo eterno, sem direção privilegiada rumo a um futuro distinto do passado, onde, pode-se dizer, não há nem mesmo mais passado ou futuro. É como se tudo já estivesse dado, restando apenas ao homem, agora com a matemática, ler o livro da natureza e desvelar os seus mistérios, ou melhor, afastar nossa ignorância. (Pereira, 2008, p. 68).

Vale lembrar que **o tempo é o que é**, ainda que percebido/dito de formas e perspectivas diferentes. Historicamente, isso justifica o fato de, pelo aperfeiçoamento do olhar e da técnica de observação, começar a se definir, na Física, uma nova noção de tempo, se comparada ao entendimento aristotélico: perpassa-se uma noção fundamentada na visão relacional, subjetiva de tempo, segundo a qual, sem a percepção de mudanças, o espírito não o conceberia, e alcança-se uma noção de tempo objetivado pela mecânica dos movimentos sintetizada no pensamento de Isaac Newton (1642-1727). Trata-se da síntese/sistematização feita por esse matemático e físico inglês a partir do conhecimento sobre mecânica do movimento, desenvolvido desde a 'revolução copernicana'.

Segundo Lacey, os *Princípios matemáticos da filosofia natural*, de Newton, "constituem a primeira grande exposição e a mais completa sistematização da física moderna, sintetizando num todo único a mecânica de Galileu e a astronomia de Kepler, e fornecendo os princípios e a metodologia da pesquisa científica da natureza" (Lacey, 1972, p. 368 *apud* Pereira, 2008, p. 70-71). Pragmaticamente, este trabalho de Newton significou, por meio de cálculos matemáticos, a ampliação e/ou generalização das análises de movimento desenvolvidas por Galileu. Isso, segundo Pereira (2008), permitiu uma descrição mais completa dos movimentos no/do universo, garantiu a aplicação de análises mais precisas às propriedades locais dos movimentos orbitais dos corpos celestes e possibilitou que o homem previsse, com precisão, todo o movimento dos planetas em torno do Sol, da Lua em volta da Terra, além de, mais tarde, permitir que o homem pudesse até lançar foguetes ao espaço.

Dessa forma, a 'Síntese' newtoniana é destacada por conceder à ciência o poder de previsão de movimentos espaciais futuros e a capacidade de calcular, por exemplo, o movimento dos astros em tempos longínquos. Isso nos permite, hoje, afirmar que, no dia 1 de janeiro de 1900, às 13 horas e 51 minutos, houve, no tempo-espaço, um ponto de transição de lua minguante para nova, ou que, no dia 16 de dezembro de 2100, às 17 horas, haverá outro ponto de transição de lua crescente para cheia[36]. Proponho, para reflexão neste ponto, uma dupla indagação: aqui/agora, o que é <u>01-01-1900</u>, considerando que, existencialmente, essa data me é desconhecida, já que, de fato, não a experienciei 'corporificado'[37]? Ou, da mesma forma, o que é, aqui/agora, <u>16-12-2100</u>, considerando, que neste corpo atual, não experienciarei tal data?[38]

Piettre (1997) afirma que, além do princípio da inércia[39], formulado pela primeira vez por Galileu e, posteriormente, confirmado por Newton, os princípios da Mecânica Moderna, que traduzem o desenvolvimento da análise newtoniana do movimento e representam a 'Síntese' de Newton, levaram este físico a afirmar a existência de um tempo e de um espaço absolutos. Um tempo-espaço imutável no qual as coisas se movimentam e se transformam. Nas próprias palavras de Newton,

---

[36] Cálculo precisado em sítio de dados astronômicos. Disponível em: http://www.cosmobrain.com.br/lua/fasesdalua.php. Acesso em: 3 nov. 2011.

[37] Aqui traduzido nos moldes de Lakoff e Johnson (1980).

[38] Retornaremos a essas indagações na seção 3.4.1, à página 93.

[39] Conhecido como o primeiro princípio da 'Dinâmica' (em Física, a 'Dinâmica' é um ramo da mecânica que estuda o movimento de um corpo e as causas desse movimento), a **Inércia** é apresentada na Física como propriedade da matéria e da energia. Segundo este princípio, um corpo submetido a um conjunto de forças de resultante nula não sofre variação de velocidade. Isto é, se parado, permanece parado; se em movimento, permanece em movimento.

> O tempo absoluto, verdadeiro e matemático flui sempre igual por si mesmo e, por natureza, sem relação com qualquer coisa externa, chamando-se com outro nome "duração". (Newton, 1974 *apud* Pereira, 2008, p. 75).

Mas, para Pereira,

> [...] quando Newton afirma, nos Princípia, a realidade de um espaço absoluto e de um tempo absoluto, no começo de seu tratado, ele raciocina mais como filósofo que como físico; e como filósofo que não deseja romper com o senso comum; o físico, no limite, pode prescindir de um referencial absoluto para fazer suas medidas. Entretanto, é difícil imaginar que não exista um tempo e um espaço do universo. Foi preciso esperar Einstein para que a explicação científica teórica que permita compreender por que a referência a uma realidade qualquer de espaço imóvel absoluto (éter), e de um relógio comum, ao qual todos os seres do universo pudessem em última instância se referir, era ilusória. (Pereira, 2008, p. 73).

E o que se concebe, descritivamente, como Tempo ou Espaço absoluto[40], se se considerar que "descrições fazem-se em termo de conjugados experienciais" (Lonergan, 2010, p. 163)? É o Espaço absoluto a totalidade ordenada das extensões; e o Tempo absoluto, a das durações experienciadas[41]? Além desses conceitos descritivos de totalidades de duração e de extensão, consideradas "concretas" por Lonergan (2010, p. 164), este autor faz referência a "totalidades meramente imaginárias". A intenção é, declaradamente, abandonar a segunda noção de totalidade e se ocupar da totalidade relativa a durações e extensões "concretas", correlativas à experiência humana.

Surge, nessa escolha, um problema: obviamente, nem a totalidade das durações nem a das extensões "concretas" pertencem ao domínio da experiência humana. A solução do referido autor, nesse caso, é deixar "a sós o indivíduo", já que só um fragmento da totalidade das extensões e durações recai na esfera da experiência individual. Com tal abandono, torna-se possível, na perspectiva do autor, referir-se às totalidades ordenadas "concretas", constitutivas do Tempo e do Espaço absolutos. Lonergan

[40] Doravante com 'T' e 'E' maiúsculos.

[41] Lonergan (2010, p. 163) usa a palavra "concreta" em vez de 'experienciada'. A nossa opção pela segunda palavra, nesta pergunta, se dá em razão dos comentários feitos ao longo deste texto — seção 3.4.1, por exemplo — a respeito da noção de 'concreto' e 'abstrato', quando o assunto é tempo-espaço. Neste ponto do texto, todavia, trabalhemos com as duas possibilidades.

(2010) explica que, além do fragmento experienciado de extensão e duração, há outra extensão e outra duração, e, como tais extensão e duração estão em continuidade com as da experiência humana, elas não são simplesmente imaginárias. Considera-se, para isso, que "no Espaço concreto há alguma extensão que é correlativa à experiência" e, da mesma forma, "uma noção de Tempo concreto é construída à volta de um núcleo da duração experienciada". Nesse contexto, "é mediante uma estrutura relacional de extensões ou durações dadas que as totalidades de extensões e durações podem ser concretas", e todas as outras extensões no Espaço e durações no Tempo estão relacionadas com aquelas extensão e duração concretas. Nessa acepção, "espaço e tempo simplesmente imaginários não contêm parte alguma correlativa à experiência real" (Lonergan, 2010, p. 164).

Mas, se a totalidade do Tempo e do Espaço contém fragmentos do tempo-espaço experienciado, se as totalidades de extensões e durações são 'concretas' mediante a estrutura relacional de todas as extensões e durações, inclusive as experienciadas, cria-se a ideia de que as noções de Espaço e Tempo 'concretos' sejam estruturadas em torno de uma origem. A este ponto original de tempo e de espaço, Lonergan chama de "marco de referência". Que são estruturas de relações particulares (o aqui/agora de cada um), gerais (mapas calendários) ou especiais (coordenadas físicas e/ou matemáticas), utilizadas de modo a ordenar as totalidades das durações e/ou extensões. Para o referido autor, as primeiras estruturas (particulares e gerais) estão relacionadas com as experiências dos sujeitos no tempo espaço; as últimas (especiais) dizem respeito a abstrações, a leis matemáticas e/ou físicas, que são leis invariantes garantidas pela "inteligibilidade abstrata do Espaço e do Tempo" (Lonergan, 2010, p. 168).

Interessantemente, Lonergan adverte que

> [...] distintos marcos de referência [...] devem pertencer a diferentes universos de discurso lógico; [...] as relações entre diferentes universos de discurso só podem estabelecer-se num ulterior universo de discurso de ordem superior; por outras palavras, as relações entre diferentes universos de discurso referem-se não às coisas específicas nesses universos, mas às especificações utilizadas para denotar as coisas. Assim, uma equação [...] não relaciona pontos e instantes, mas relaciona maneiras diferentes de especificar os mesmos pontos e instantes. (Lonergan, 2010, p. 168).

Há duas questões interessantes nesses dizeres de Lonergan. Primeiro, vale pensar na existência de uma Realidade Superior a respeito da Qual se criam realidades discursivas e na Qual estas se 'ancoram' e se relacionam. Tal Realidade se configura, nessa acepção, como Tempo e Espaço absolutos, a respeito dos quais muitos dizeres, fórmulas e abstrações são construídos. Em segundo lugar, pensemos o valor da "inteligibilidade abstrata do Espaço e do Tempo" presente nos tratados da Física e nas consequentes construções de leis invariantes relativas à descrição e ao funcionamento do Tempo-Espaço. Se entendermos, nesse contexto, que o físico/matemático estabelece um "postulado de invariância", a partir do qual representa possíveis leis de funcionamento da relação Tempo/Espaço; se admitirmos que, nesse caso, tem-se, necessariamente, uma atividade linguístico-discursiva por meio da qual tal postulado se transforma em norma, ao se estabelecer que expressões abstratas podem representar princípios e leis físicas e/ou matemáticas; se admitirmos o Tempo/Espaço como Realidade Superior a partir da qual tais postulados são criados como realidades discursivas; entendemos o porquê de, no mesmo universo de conhecimento, o da Física, por exemplo, verificarem-se tanto noções de Tempo/Espaço **absolutos** (Newton), relacionado(s) a macrocategorias, quanto **relativos** (Einstein), relacionado(s) a microcategorias espaçotemporais.

Nesse caso, o Tempo/Espaço que se nos apresenta(m) 'traz(em)' propriedades determinadas por leis físicas relativas a um sistema de referência estabelecido pelo(s) físico(s) que o 'estabeleceu' (os estabeleceram). E isso é uma legítima atividade linguageira indiciadora de sujeitos e dos seus respectivos conhecimentos. Consequentemente, teremos um Tempo/Espaço inteligível, isto é, um Tempo/Espaço falado, anunciado por meio de leis, de abstrações cognitivas comuns a um determinado físico e a seus seguidores, que se configura de acordo com os princípios estabelecidos pelo observador, a partir de marcos de referências: o particular, o geral e/ou o especial. Então, somos compelidos a (re)considerar o indivíduo/sujeito abandonado anteriormente. Seja em função de ser um ponto original, um marco de referência a partir do qual se estabelece um tempo-espaço relacional, experiencial etc., seja pelo fato de ser o mentor, o pensador responsável pela 'fórmula' explicativa de categorias de tempo ou de espaço que pode apontar tanto para a ideia de Tempo-Espaço absoluto(s) (Newton) quanto para a de tempo-espaço relativo(s) (Einstein).

Em síntese, pela linguagem se explica qualquer idealização físico-matemática, configurada como trabalho de objetivação da realidade 'tempo-espaço': tanto a concebida como universalmente absoluta quanto a postulada como universalmente relativa. Com essa asserção, abre-se uma porta para as percepções/sistematizações postuladas por Einstein, que serão apresentadas, a seguir, também de forma resumida, por razões já expostas anteriormente.

### 2.3.4 Einstein e a relatividade do tempo-espaço

Sabe-se que as ideias de Einstein, além de lhe renderem o Nobel de Física, pela explicação que ele deu a respeito do efeito fotoelétrico, tornaram-se popularmente conhecidas, sobretudo em função da Teoria da Relatividade, que lhe deu o 'título' de cientista mais conhecido na cultura popular e o elegeu sinônimo de 'gênio' no senso comum. Sabe-se, também, que o seu pensamento ultrapassa os limites da física e alcança o escopo da política e da religião, por exemplo. No entanto, não é nossa intenção, aqui, apresentar as inúmeras contribuições desse físico alemão ao pensamento humano. Pretendemos apenas evidenciar, abreviadamente, algumas das suas reflexões a respeito do movimento, que possam trazer implicações filosóficas para a noção de tempo-espaço desenvolvida neste trabalho.

Comecemos pelo conhecido paradoxo einsteiniano a respeito da natureza da luz. Tal paradoxo é construído a partir da explicação matemática que o físico escocês James Clerk Maxwell (1831-1879) deu para os experimentos do físico inglês Michael Faraday (1791-1867), que culminaram na noção de 'campo eletromagnético'. Segundo Pereira (2008), Maxwell, unificou a eletricidade e o magnetismo. E

> [...] além de unir todos os fenômenos elétricos e magnéticos num esquema matemático, sua teoria revelou que todos os distúrbios eletromagnéticos se propagam a uma velocidade constante e imutável, igual à velocidade da luz. Isso fez com que Maxwell deduzisse que a própria luz é um tipo de onda eletromagnética [...]. Ademais, a tese de Maxwell levava à surpreendente conclusão de que a luz, como toda radiação eletromagnética, jamais deixa de se propagar, e sempre à velocidade da luz. (Pereira, 2008, p. 77).

Segundo Mora (2000), Einstein leva em conta as conclusões da tese de Maxwell, mas sem descartar os conhecimentos da mecânica newtoniana, em que já se afirmava a relatividade dos movimentos. Na Mecânica, postulava-se tal relatividade considerando-se a possibilidade de se medir o movimento de um sistema dado, 'A', em relação ao movimento de outro sistema, 'B'; este, em movimento uniforme com respeito a 'A'. Isso já pensado em função da existência de dois sistemas de referência absolutos erguidos nas fórmulas de Newton, dentro dos quais seria possível efetuar tais medições: a do espaço (sempre "similar e imóvel") e a do tempo ("fluindo uniformemente sem relação com nada externo"). Mora ainda afirma que semelhante

> [...] concepção se manteve quando se tentou considerar o éter, enquanto substância elástica em completo repouso, como sistema de referência para medir os movimentos dos astros. A confirmação da hipótese do éter teria reafirmado o edifício da mecânica clássica. Mas os experimentos levados a cabo em 1887 por A. A. Michelson e E. W. Morley para medir a velocidade da terra no éter deram um resultado surpreendente: segundo eles a terra tinha de ter estado em repouso. Para solucionar esta dificuldade, H. A. Lorentz propôs sua célebre fórmula (a "transformação de Lorentz") da qual se depreende que um objeto diminui ao mover-se no éter na direção do movimento. Isso já representou uma primeira revolução nos conceitos clássicos do espaço e do tempo. (Mora, 2000, p. 2.502).

Einstein, então, em seus experimentos[42] com o movimento, diante da percepção de Michelson e Morley[43] e com o conhecimento da Mecânica Clássica, verifica que, se pudéssemos perseguir um raio de luz à mesma velocidade que ela, este raio pareceria parado, imóvel ao 'perseguidor'. Mas, segundo a teoria de Maxwell, um raio de luz não poderia encontrar-se imóvel. Eis o paradoxo para o qual o físico alemão propôs, em 1905, uma resposta, hoje conhecida como 'Teoria da Relatividade Especial'. Para ele,

> A teoria da relatividade nasceu por força das sérias, profundas e insolúveis contradições da teoria clássica. E a sua força jaz na consistência e simplicidade com que resolve todas essas contradições por meio do emprego de umas poucas e muito convincentes suposições. (Einstein; Infeld, [19--], p. 175).

[42] Ressalva-se que os experimentos de Einstein são chamados de 'ensaios mentais'.

[43] Salienta-se a afirmação de Mora de que Einstein não desenvolveu a Teoria da Relatividade Especial a partir dos resultados experimentais de Michelson e Morley. "Einstein cita esses resultados em apoio da teoria, mas esta não é consequência daqueles, mas de prévias reflexões físicas e Epistemológicas de Einstein" (Mora, 2000, p. 2.502).

No nosso 'inquérito', como já foi dito, não é interesse explicar o objeto da Teoria em si. Entretanto, dada a sua contribuição para a mudança significativa da noção de tempo-espaço, as soluções apresentadas, a partir dela, aos problemas da Física (fala-se não só da resposta ao paradoxo einsteiniano, mas de um conjunto de respostas às indagações da Física, em geral, que são estimuladas pela preocupação em descrever como o universo se apresenta aos indivíduos em movimento, uns em relação aos outros) são interessantes.

Como justificativa, consideremos o princípio segundo o qual a evidência de que um objeto está parado ou em movimento depende do ponto de vista adotado pelo observador. Note-se, por exemplo, que um motorista e um carona 'estão parados', se tomados um em relação ao outro, no carro em que viajam, mas 'estão em movimento', se observados por alguém à beira da estrada. Nesse contexto, se entendermos que a percepção de tempo está diretamente relacionada à de movimento e se considerarmos que a percepção de movimento depende do ponto de vista adotado por quem o percebe, teremos de configurar o tempo de forma relativa ao movimento das coisas no espaço, em relação ao movimento dos sujeitos que as observam.

E isso traz profundas implicações quanto a possíveis explicações e aplicações a respeito da natureza do tempo e do espaço, pelo menos quanto à estrutura do tempo cronológico e do espaço físico, já que

> [...] a tese de Einstein afirma que diferentes observadores em movimento relativo, portando relógios idênticos, terão indicações diferentes de tempo apontadas por cada um de seus relógios. Mais ainda, a tese afirma que isso não se deve a uma falha de medição dos relógios, mas por corresponder diretamente a uma característica intrínseca do próprio tempo. Esse efeito ganhou o nome técnico de *dilatação do tempo*. A segunda diferença sutil afirmada pela teoria corresponde à estrutura do espaço. Ela garante que os diferentes observadores em movimento relativo farão medidas distintas das distâncias que medem, não por suas trenas apresentarem defeito, mas por efeito da própria natureza do espaço diante do movimento. Esse efeito, por sua vez, recebeu o nome técnico de *contração de Lorentz*. (Pereira, 2008, p. 79).

Em função da área científica de desenvolvimento/aplicação do presente texto, não desenvolveremos aqui os conceitos de 'dilatação do tempo' ou de 'contração de Lorentz', ainda que estes já tenham sido confirmados em experimentos científicos e não sejam facilmente admitidos no senso comum. Ressalva-se, todavia, que, embora nos pareçam estranhas, já que trabalham com escalas de velocidade/movimento imperceptíveis aos nossos sentidos (300 mil km/s), as teorias de Einstein evidenciam os limites da percepção humana de tempo-espaço e movimento. Assim, é possível, nesta condição, operar tanto com as noções de tempo-espaço absolutos de Newton quanto com os conceitos de tempo-espaço relativos de Einstein. Procuraremos alcançar os dois. O próprio Einstein aconselha:

> Podemos aplicar a velha teoria sempre que investigamos factos que a não invalidem. Mas também podemos aplicar a nova, desde que todos os factos conhecidos se ajustem dentro dela. Falando imaginativamente, podemos dizer que o criar de uma nova teoria não corresponde ao demolir de um pardieiro para a construção de um arranha-céus. Será antes subir a uma montanha para alcançar visão mais dilatada e descobrir imprevistas ligações entre o nosso ponto de partida e os arredores. Mas o ponto de onde partimos ainda existe e pode ser visto, conquanto apareça cada vez menor e forme uma parte bem minúscula da grande paisagem desvendada pela ampliação do nosso campo visual. (Einstein; Infeld, [19--], p. 141).

Nessa perspectiva, mesmo que não se abandone a teoria newtoniana acerca de um tempo e de um espaço absolutos, é preciso reconhecer que a teoria da relatividade especial[44] de Einstein, acolhida sobremaneira pela Física do século XX, apresentou novas concepções sobre a natureza do espaço e do tempo. Ainda que não seja perceptível pela 'apreensão' cognitiva humana, a relação entre o movimento e a constância da velocidade da luz estabelecida pela relatividade especial põe em evidência uma visão segundo a qual o verdadeiro caráter do espaço e do tempo não está de acordo com as concepções físicas de períodos anteriores ao de Einstein. Observemos o que bem pondera Bernstein:

> Basta comparar o que diz Aristóteles na Física – "a passagem do tempo decorre de maneira semelhante onde quer que seja e está em relação com tudo" – com o celebrado primeiro Scholium dos Principia de Newton – "O tempo verdadeiro, absoluto e matemático, de si mesmo e por sua própria natu-

[44] Também se aplica à Teoria da Relatividade Geral — não desenvolvida aqui —, apresentada nove anos mais tarde pelo próprio Einstein.

> reza, flui invariavelmente, sem relação com qualquer coisa externa e admite também o nome de duração... Esse "tempo absoluto" de cuja existência Newton não tem dúvida é por ele comparado com o "tempo relativo, aparente e comum" que é "qualquer medida razoável e externa (seja acurada ou aproximada) da duração, por meio de apelo ao movimento, comumente usada em lugar do tempo verdadeiro, sendo exemplos a hora, o dia, o mês, o ano". Em outras palavras, Newton procurou distinguir entre o tempo "comum", que é medido por meio de relógios, e o tempo "absoluto", cuja existência primária repousava na consciência de Deus. (Bernstein, 1975, p. 53-54).

É notável que a concepção do Espaço e do Tempo absolutos, desenvolvida por Newton, também pode ser associada à justificativa para a autonomia mencionada na seção 2.3.2.2, à página 41, uma vez que este modo de exibição "ingênuo" (do ponto de vista da Física moderna) está mais perto da forma humana de pensar/conceber o tempo-espaço do que a mais abrangente teoria geral da relatividade de Einstein, que pode ser entendida apenas por meio de descrições matemáticas abstratas e/ou a partir de velocidades muito altas, praticamente imperceptíveis aos sentidos. Também é bastante plausível que a ideia de Espaço e Tempo absolutos, sendo mais "natural" do ponto de vista da história das ciências, tenha sido dada como certa, antes que a perspectiva contemporânea de ciências naturais tivesse seu jeito de ver tais realidades (tempo e espaço). No entanto, é importante considerar o fato de que existe uma grande diferença entre a concepção abstrata de espaço e tempo da Física Moderna e a função cognitiva que esses conceitos normalmente constroem para seres humanos (incluindo-se a reflexão destes conceitos nas línguas naturais e representações de conhecimento). Tal diferença manifesta-se, também, pelo fato de que, em Física relativística ou cosmológica, fala-se de um compacto, um uno espaço-tempo, em que o segundo elemento se configura como quarta dimensão do primeiro.

Ainda é importante, agora do ponto de vista cognitivo, considerar um aspecto diferencial da natureza do tempo em relação ao espaço, que está relacionado a como percebemos tais realidades. Segundo Helbig,

> Em um sistema de representação de conhecimento, que tem por modelo cognitivo estado de coisas e que é determinado essencialmente pelas experiências cotidianas dos

> seres humanos, espaço e tempo são vistos como um **quadro de referência** dado pela disposição/arranjo dos objetos (espaço) e eventos (tempo). O espaço é estendido em três direções (dimensões); [...]. Em contraste, o tempo é estendido em uma direção somente; [...] há uma direção distinta/perceptível a partir passado, através do presente, para o futuro, por causa da irreversibilidade de muitos processos[45]. (Helbig, 2006, p. 132, tradução nossa).

Assim como, neste apontamento, Helbig coloca em evidência possíveis diferenças na 'estrutura' cognitiva do tempo em relação ao espaço, sob o olhar comum, no cotidiano humano, Silva (2006) também aponta algumas diferenças de processamento desses domínios:

> Há alguns aspectos do domínio espacial que não podem ser projectados no domínio temporal, pela simples razão de que o espaço é tridimensional, ao passo que o tempo é unidimensional. Podemos escolher uma localização no espaço e reocupá-la, mas não podemos escolher quando é que o "agora" é, nem reocupar ou voltar a uma localização na linha temporal. Além disso, não podemos "ver" (conhecer) o futuro simplesmente olhando para a frente, ao passo que podemos ver o que espacialmente está diante de nós; inversamente, não podemos ver o que está atrás de nós (nas nossas costas), ao passo que podemos recordar o passado. (Silva, 2006, p. 129).

Essas duas últimas citações ganham força nos estudos do tempo-espaço numa perspectiva menos ontológica, mais epistemológica. Aqui, elas sinalizam um e outro universo do conhecimento que merecem ser avaliados. De qualquer forma, a lição principal dessa pluralidade de percepções (sejam as de natureza ontológica do tempo-espaço, sejam as de natureza epistemológica ou cognitiva) está no valor de verdade construído pela força do discurso. De Aristóteles a Einstein, um dado (ou um conjunto deles) suscetível à análise científica, que, por excelência, torna-se um objeto de discurso processado cognitivamente e construído linguisticamente, é **o que é**, mas pode parecer variável aos olhos do sujeito que o

[45] Tradução livre de "In a knowledge representation system, which has to model cognitive states of affairs and which is essentially determined by everyday experiences of human beings, space and time are seen as a **frame of reference** given by the arrangement of objects (space) and events (time). Space is extended into three directions (dimensions); [...]. In contrast, time is extended in one direction only; [...] there is a distinguished direction from the past, via the present, into the future because of the irreversibility of many processes".

constrói; e ambos, sujeito e objeto, são também suscetíveis às variações de tempo e espaço.

Veja-se, nesse sentido, que as próprias diferenças apontadas pela Teoria da Relatividade em relação à percepção/apreensão/construção da realidade 'tempo-espaço' estão sujeitas ao alcance teórico da humanidade. As noções de 'tempo' e de 'espaço' já expostas até aqui são a evidência disso. O tempo e o espaço verificados e/ou apresentados a cada época foram configurados em consonância com percepções claramente diferentes a respeito desses objetos de discurso. Isso se sustenta na afirmação de que, "na teoria especial da relatividade, espaço e tempo deixam de ser absolutos, o princípio relativista rege, por exemplo, no que toca à simultaneidade dos acontecimentos" (Mora, 2000, p. 2.502).

Assim, devido à complexidade dos fenômenos relativos a 'espaço' e 'tempo' e à diversidade de postos de observação a que o 'tempo-espaço' se presta, é natural a dissensão de pensamento daqueles que se arvoraram a descrevê-los. Dessa forma, nesta seção, optamos por apresentar apenas alguns pontos de reflexão com respeito ao grande alcance dos problemas filosóficos associados com espaço e tempo e, minimamente, remeter o leitor para a literatura, a partir das referências.

Centrado no nosso interesse neste trabalho, importa dizer que a reunião de todas as percepções mostradas até aqui estimula a seguinte (re)afirmação: **o tempo é o que é**. Já o que se diz do 'tempo', o que se constrói com ele e a partir dele, traz, necessariamente, um índice, uma porção do sujeito que o diz e do tempo-espaço em que este 'tempo' é dito. Nesse contexto, o sujeito que diz pode ser diferente do sujeito que observa, ainda que seja, *res extensivamente*, a mesma pessoa: basta considerarmos que o ato, individual ou coletivo, de observação/percepção de uma dada realidade pode não coincidir com o tempo-espaço da construção linguística em que se 'projeta' tal realidade, mesmo que sejam dois movimentos — observação/percepção ←→ construção linguística — de um mesmo processo de cognição. Nesse contexto, tudo o que se disse do 'tempo' também se aplica ao 'espaço', principalmente no tocante à constituição linguístico-cognitiva do tempo-espaço na construção de discursos.

Inicialmente, já avocamos um posicionamento teórico: a construção cognitiva de objetos discursivos (a exemplo das noções de tempo e espaço) aponta para um sistema de referências que garantem a relatividade espaçotemporal dos próprios objetos construídos. Contudo, é crucial perceber que um sistema de referências constrói um complexo feixe de traços e regularidades que tornam o objeto mais ou menos idêntico nas relações linguísticas dos sujeitos falantes e promovem, relativamente ao tempo-espaço dos sujeitos discursivos, compreensões mais ou menos comuns a respeito do objeto construído. Por vezes, esse feixe de traços e regularidades é tão consensual a uma comunidade de sujeitos que a descrição de um dado objeto, por ganhar um caráter imaginariamente objetivo, parece prescindir das individuações, isto é, dos aspectos de subjetividade inerentes a quaisquer objetos de discurso. Verifique-se.

> Segundo a teoria especial, todos os movimentos de corpos (ou de pontos) são relativos a um sistema de referência. Diz-se às vezes que são relativos ao sistema de referência do observador que os mede, mas a introdução do termo 'observador' pode prestar-se a confusões; os movimentos são relativos a um sistema de referência e a medições efetuáveis neste sistema, mas não é preciso um observador humano. (Mora, 2000, p. 2.502).

Portanto, se a percepção de movimento depende do ponto de vista de quem o percebe, não parece possível imaginar/configurar o tempo sem relativizá-lo ao movimento das coisas observáveis no espaço, em relação ao próprio movimento dos sujeitos que as observam. Nesse caso, o observador/pintor está sempre presente no desenho que faz do tempo-espaço e "é perfeitamente visível em toda a sua estrutura", para usar as palavras de Foucault (1999, p. 3), na belíssima descrição que faz do quadro *Las meninas*, de Diego Velázquez (1599-1660). Essa perspectiva é congruente com a visão que se desenvolve a respeito dos relativos movimentos de corpos e, por extensão, com a própria construção da noção de tempo-espaço, culminada, neste livro, com a Teoria da Relatividade. Assim, interessa-nos o movimento cognitivo construtor da realidade 'tempo-espaço', indiciada em palavras, imagens e/ou estruturas linguísticas maiores, observáveis em atos comunicativos, conforme mostraremos a seguir.

3

# PERCEPÇÃO, CATEGORIZAÇÃO E REPRESENTAÇÃO LINGUÍSTICO-COGNITIVA DO TEMPO-ESPAÇO

O desafio de explicar como processamos 'tempo' e 'espaço' na interação com o ambiente (compreenda-se 'ambiente' como complexo e integrado sistema de condições concorrentes à realização da vida humana, incluindo-se a própria interação humana[46], além de todos os fatores necessários para a existência de um organismo ou espécie, por exemplo, condições materiais, culturais, psicológicas etc.) tem possibilitado a construção de conceitos de espaço-tempo em campos científicos de áreas de interface, como a Neurolinguística, a Psicolinguística, a Biolinguística, a Linguística Cognitiva (LC), que recorrem a um conjunto de saberes relacionados à Genética, à Biologia Molecular, à Neurofisiologia à Psicologia, à Filosofia, às ciências da linguagem etc.

Nessas mesmas circunstâncias investigativas, explicam-se, nas chamadas ciências cognitivas, mais especificamente na Linguística Cognitiva, as indagações/investigações acerca da natureza do tempo e do espaço e o reconhecimento da capacidade humana de processamento destes primitivos: as explicações a respeito do processamento de tempo-espaço nas atividades de linguagem suscitam, na LC, a necessidade de se recorrer a paradigmas conceituais (em Psicologia, Filosofia da Ciência, Biologia, Neurociência e outras disciplinas afins) capazes de esclarecer, em termos cognitivos, a dinâmica de processamento mental resultante da interação entre o sistema sensório-motor humano e as estruturas neuropsicológicas responsáveis pela cognição do tempo-espaço e pela consequente representação/manifestação linguística deste objeto de discurso.

Nesse caso, é determinante buscar uma noção de processamento linguístico-cognitivo de 'tempo-espaço' não apenas em estudos especificamente linguísticos, mas também em estudos psicológicos, neu-

[46] Entenda-se 'interação humana' tanto concernente às relações interpessoais, com ênfase nos processos que decorrem do contacto social e das relações com os pares, quanto na realização intrapessoal, caracterizada por processos internos relacionados com a auto-organização, com a constituição do self e com sistemas cognitivos relacionados a atenção, percepção, categorização, memória etc.

rológicos, biológicos, físicos e, ainda, naqueles que combinam estas e outras orientações. Essa escolha se dá pelo fato de entendermos que 'tempo' e 'espaço' façam parte de um conjunto de projeções vitais primitivas, fundamentais e determinantes na existência do ser (e do self, conforme veremos adiante, na seção 3.3.1); que ocorrem em um só plano convergente de acontecimentos, uma instância *sine qua non* à instituição de tempo-espaço referenciais em que os sujeitos se instituem, promovem as interações linguísticas e formulam hipóteses a respeito das 'coisas' do mundo — inclusive tempo e espaço — e da própria existência. Ressalva-se, contudo, que a aparente dicotomia na caracterização de 'tempo' e 'espaço', como projeções vitais, por um lado, e 'tempo-espaço' referenciais, por outro, corresponde à noção de tempo/temporalidade, espaço/espacialidade, desenvolvidas na seção 2, que, nessa perspectiva, promove certa unidade, e não uma divisão conceitual, já que, para o processamento cognitivo de tempo/espaço, é indispensável perceber-se a temporalidade/espacialidade.

Nesta seção, verificaremos certos aspectos da espacialidade e da temporalidade no nível do processamento cognitivo. Nesse nível, as manifestações cognitivas de tempo-espaço são concebidas como temporalização-espacialização, que é a condição necessária para o funcionamento de categorias linguísticas 'representadas' nas atividades discursivas. Para tanto 'percorreremos' o caminho de tais processamentos a partir de certos pressupostos da teoria da evolução darwiniana, considerando-se estudos tanto na perspectiva da cognição quanto na da linguagem.

## 3.1 Da cognição espaço-temporal à linguagem

Investigações realizadas com humanos e animais (Arsenijević, 2008; Tolman, 1948) evidenciam que a imagem mental que os seres vivos promovem do ambiente[47] que os circunda é construída por meio da capacidade de percepção/categorização espacial. Tal construção, que garante o senso de movimentação/locomoção dos seres, são projeções mentais denominadas 'mapas cognitivos', também conceituados como esquemas imagéticos, padrões imaginativos não proposicionais e dinâmicos dos nossos movimentos no espaço, da nossa manipulação dos objetos e de nossas interações perceptivas (Johnson, 1987). Nesse sentido, entende-se que eles (os mapas cognitivos) constituem uma dada estrutura mental,

[47] Na mesma acepção usada à página 63.

conectam-se uns aos outros por meio de transformações sinápticas, estimuladas no fluxo vital de seres cognoscíveis, e podem ser metaforicamente elaborados/projetados em atividades linguísticas, responsáveis pela expressão subjetiva das abstrações humanas.

Diferentemente do que preconiza Tolman (1948), para quem 'mapa cognitivo' se traduz como uma metáfora de algo que não é observável e que se imagina ser parecido com um mapa geográfico, para Arsenijević, (2008), o campo de cognição espacial apresenta um dos mais bem explorados domínios das neurociências cognitivas. Segundo este autor, adquiriu-se, por meio de trabalhos experimentais, um corpo significativo de conhecimentos, bem precisos, que estabelecem laços entre os aspectos funcional, neurológico e representacional do domínio espacial e asseguram a existência de uma arquitetura funcional da cognição espacial. Em consonância com os trabalhos experimentais em ampla variedade de espécies, 'mapa cognitivo' é, segundo este autor, um componente funcional que está em destaque na cognição espacial de todos os vertebrados, incluindo-se os seres humanos.

Considerando-se, então, a existência uma "arquitetura funcional" da cognição espacial, entrevê-se, nos conceitos ora estabelecidos, uma noção de 'mapa cognitivo' como uma projeção mental de porções do espaço e do tempo em que se vive. Para os autores referidos anteriormente, sobretudo Arsenijević, tais 'mapas' são usados no planejamento e direção do movimento sobre o ambiente e são essenciais na orientação de navegação no tempo-espaço:

> Animais podem computar estruturas complexas a partir de uma representação do contexto espacial, entre as quais, mais destacadamente, caminhos. Caminhos envolvem a fonte, direção e objetivo, mas também possivelmente número de lugares através dos quais se atinge a meta, e os quais podem servir como pistas intermediárias para a navegação ao se moverem ao longo dos caminhos. Durante o movimento, o caminho tem de ser periodicamente recalculado, atualizando-se a partir da posição do sujeito sobre o caminho, e, portanto, também no mapa. Note que isso envolve computação de caminhos e lugares (e seus recursos), e, como tal, é um mecanismo diferente a partir de uma computação exata do que já se computou (vetor de base de computação da posição de um animal em movimento em relação à posição de partida), embora já computado

> (apesar de já ser um cômputo construído), pode ser envolvido na computação dos caminhos.[48] (Arsenijević, 2008, p. 5, tradução nossa).

Na perspectiva desse autor, dada a capacidade natural de locomoção no mundo, no contato com o novo, humanos e outras espécies animais acionam mecanismos primários de espacialização, percurso, reconhecimento do meio, na interação com o circuito espacial ao qual se integram. Tais mecanismos incluem a construção de um mapa cognitivo cuja unidade integraliza o dado e o novo em relação ao espaço circundante. Tal unidade emerge na interseção dado/novo de forma contínua e recursiva durante toda a existência animal/humana.

Aqui vale salientar que tempo/espaço é condição para a existência de todos os entes do mundo. Todavia, se se admite e perspectiva evolucionista de Darwin (1809-1882), em conformidade com o desenho construído nas ciências humanas e na ciência dos homens[49], admite-se, também, uma consciência secundária de percepção/categorização do espaço e do tempo[50], isto é, a temporalização/espacialização, que requer o desenvolvimento de funções cerebrais do ser cognitivo em evolução. Isso implica dizer que, ao longo de todo o processo evolutivo, o contato com o meio levou e leva o ser em evolução a estabelecer e fortalecer mapas cognitivos, que são (re)construídos, (re)adequados, (re)aprimorados em cada movimento relacional (relação sujeito/sujeito, sujeito/objeto, sujeito/mundo) da existência, em função do que se lhe apresenta no 'desenrolar' destas relações e em decorrência da necessidade de adaptação no espaço e no tempo em que cada ser se situa.

[48] Tradução livre de "Animals can compute complex structures from a spatial context representation, among which most prominently paths. Paths involve the source, direction and goal, but also possibly a number of places via which they reach the goal, and which may serve as intermediate cues for navigation while moving along the paths. During movement, the path needs to be regularly recomputed, updating the position of the subject on the path, and hence also on the map. Note that this involves computation of paths and places (and their features), and as such is a different mechanism from dead reckoning (vector-based computation of the position of a moving animal with respect to the starting position), although dead reckoning may be involved in the computation of paths".

[49] Neste contexto, 'ciência dos homens' diz respeito a todo conhecimento sistematizado pelo conjunto de todas as ciências instaladas na humanidade. O uso do termo, aqui, não se restringe ao escopo das 'ciências humanas', integradas por Filosofia, Sociologia, Linguística, Psicologia etc.

[50] Eldeman (1998, 1989), com a noção de consciência primária e consciência secundária, atribui a percepção do presente, do tempo presente, à consciência primária. As projeções linguísticas, para este autor, são observáveis na 'consciência' secundária, em que também se percebe a faculdade de linguagem, que é exclusividade dos seres humanos. A noção de tempo, como temporalização, por ser uma projeção, é, a nosso ver, também exclusividade da consciência secundária e, portanto, do ser humano,

Nestes estudos, percebe-se uma aproximação ou inovação terminológica no campo de conceitos relativos ao funcionamento cognitivo. Conceitualmente, 'Mapa cognitivo' se aproxima da noção de 'script', usada, entre outros autores, por Abbott e Black (1985) para explicar as organizações mentais e os comportamentos humanos na realização de eventos, de cenas do cotidiano, como ir a um restaurante, a um café, a um supermercado etc.; também faz lembrar o conceito de 'esquema', usado por Piaget para designar um tipo de estrutura assimiladora do conhecimento, ou o de 'frame', de que trataremos nas seções 3.4.1.1 e 3.4.2.

Tais conceitos apontam parta a existência de um conjunto de ações relativamente estruturadas, um conhecimento que possibilita a otimização do desempenho de certas ações, objetivos, metas. Entende-se que qualquer ser vivo dispõe de 'scripts' (ou de mapas cognitivos) para realizar o conjunto de ações afeitas à sua atividade sobre o mundo: do despertar ao tomar o café, existe um conjunto de atividades já previstas em tempo e espaço diferenciados, visando a otimizar a ação final de tomar o café (levantar-se, vestir-se, lavar o rosto... encher a chaleira de água, acender o fogo, preparar o coador com o pó, esperar água ferver etc.), mas não está em questão nesse 'script'/mapa, comprar a chaleira, comprar o gás, comprar o pó de café que fariam parte de outros 'scripts' domésticos. Há outros trabalhos centrados no conceito de 'script' (Mandler, 1984; Raskin, 1987; Schank, 1977, por exemplo), mas, aqui, permaneceremos centrados no tratamento dado a 'mapas cognitivos'.

É importante, ainda, fazer uma ressalva quanto ao entendimento do que realmente acontece no processamento cognitivo do mundo (incluindo-se espaço e tempo). Para isso, pelo menos duas considerações a respeito das vertentes teóricas nas ciências cognitivas precisam ser feitas. Antes, porém, ressalva-se que não se intenta assumir a bandeira de uma ou outra vertente. Faz parte dos nossos objetivos: a) averiguar na literatura o que já se construiu a respeito da construção linguístico-cognitiva de tempo e espaço; b) promover um estudo a respeito da(s) categoria(s) tempo/espaço; e c) verificar princípios comuns — ou não — em abordagens fundamentadas em estudos da Linguística Cognitiva.

A primeira consideração está relacionada às analogias entre a atividade cerebral e o funcionamento de uma máquina, no caso, o computador. Tais analogias, segundo Russo e Ponciano (2002), foram feitas por cognitivistas, na primeira fase dos estudos de cognição, nos idos de 1946 a 1953. Entendia-se, a partir de uma teoria representacional da mente, que a estrutura física do cérebro, a exemplo dos hardwares, seria provida por um conjunto de símbolos articulados por meio de uma gramática (uma sintaxe, por assim dizerem) estabelecida previamente, a exemplo dos softwares instalados em máquinas. Para os cognitivistas, o cérebro, por meio da sintaxe, interpreta/codifica os dados que lhe são fornecidos via organização de 'inputs' sensoriais, sem necessariamente atribuir-lhes um significado. Essa noção de cognição entendida pela analogia ao modelo de processamento input-output de computadores foi refutada pelos conexionistas, que propuseram o modelo semântico de conexão neural dos organismos vivos e promoveram uma noção de cognição associada à emergência de estados cerebrais globais, numa rede de nós simples que, conectados uns aos outros, processam e atualizam as informações do mundo.

A segunda consideração está, de certa forma, associada à primeira. Note-se que, tanto na perspectiva cognitivista quanto na conexionista, há margens para se pensar a cognição e/ou a noção de mapas cognitivos como uma correspondência direta entre ações internas do organismo (imagens e atividades mentais), por um lado, e, por outro, a ordenação das coisas que existem fora do indivíduo, extrínsecas ao organismo. Isto é, com base em certos postulados das duas teorias, é possível admitir a ideia de existência de um feixe preestabelecido de objetos/espaços externos, mapeados e/ou representados no cérebro. Isso daria a entender que o funcionamento cerebral estabelece uma representação cognitiva isomórfica à organização das coisas do mundo, também conhecida como *isomorfia neural.*

Porém, se assim o fosse, todas as pessoas, nas mesmas condições de espaço-tempo, constituiriam as mesmas 'representações' linguístico-cognitivas do mundo e do próprio espaço-tempo. O que daria um caráter objetivo aos objetos de discurso. Mas essa ideia tem sido descartada, já que a percepção/categorização da realidade, a partir da qual se dá a construção dos objetos cognitivos e/ou linguísticos, limita-se a alguma faceta do real, isto é, ainda que o processo de 'representação' linguístico-cognitiva de objetos de discurso — que implica perceber/categorizar/falar o objeto — seja, quanto possível, análogo, regular e analisável entre pessoas de uma comunidade, a visão de cada sujeito é, necessariamente, parcial (dada a condição limitada do ser humano, este, por não perceber a integralidade dos fenômenos, deve selecionar um ou alguns de seus aspectos ou uma de suas partes), e não pode ser neutra, já que o objeto pode ser mais do que lhe parece, e 'o que lhe parece' do objeto está também relacionado ao posto de observação, à posição a partir da qual o referido sujeito constrói, discursivamente, o objeto.

Tal posição está relacionada a numerosos componentes constitutivos e resultantes da natureza multifacetada da linguagem. Falo, por um lado, de aspectos sociais, históricos, ideológicos responsáveis pelo estabelecimento das condições sociais de comunicação, estabelecidas na construção social de 'objetos discursivos' e/ou referentes (trataremos mais desta temática na seção 3.5). Tais aspectos garantem, à comunidade linguística, modos de 'representação' no campo da linguagem que, a meu ver, são inscrições de um conjunto de valores e crenças culturalmente construídos pelos participantes de uma dada atividade linguística. Assim, o processo de significação requer também projeções **sociocognitivas** de espaços/lugares, tempos/períodos (notem-se, por exemplo, noções temporais como 'Antiguidade', 'Idade Média', 'Idade Moderna', 'Idade Contemporânea') instituídos pelos próprios seres humanos, já que tais projeções tanto alicerçam os sistemas categorizadores e conceituais da nossa experiência quanto decorrem deles. E, como veremos na seção 3.3.1.1, na emergência da rede social de interações com uma comunidade de fala, emerge também o self na sua 'forma' mais desenvolvida, no nível mais elaborado da consciência humana.

Por outro lado, tratamos, de forma um pouco mais abrangente ao longo deste texto, de aspectos biológicos, fisiológicos, cognitivos, psicológicos, neurológicos, constitutivos das experiências vitais de cada ser, que, de certa forma, são vetores de uma variedade de respostas dos indivíduos ou grupos, em face dos mesmos estímulos socioambientais[51], razão pela qual uma mesma realidade 'tácita' (espaço-tempo, por exemplo) pode ser linguístico-cognitivamente 'representada' com configurações parcial ou totalmente distintas.

Nesse contexto, dois aspectos merecem destaque: a) é verdade que a diversidade representativa não interfere na constituição *res extensa* do tempo-espaço, já que, como realidade em si mesma, o ser do tempo-es-

[51] Eis, aqui, uma porta aberta a indagações: "Como os seres de linguagem integram essas duas dimensões da condição humana – a 'bio-fisio-cognitiva' e 'socio-histórico-ideológica – na produção de sentido?"; "Há uma memória social dos dizeres que seja, ao mesmo tempo, social e individualmente espacializada, temporalizada, processada cognitivamente?"; "Como se dá a integração desse 'movimento' sociocognitivo"? Como se sabe, Searle, em alguns dos seus textos, propõe uma integração de tais dimensões, a partir da noção de 'intencionalidade primitiva' e 'intencionalidade derivada' e de construção de fatos institucionais. Estes, aliás, serão citados neste livro (ver seção 3.4.1, à página 94), mas optamos por não desenvolver, ainda, os desdobramentos conceituais relativos a este assunto, dado o fôlego que ele exige.

paço não depende nem resulta da visão individual ou coletiva dos sujeitos de uma comunidade; b) também o é que, dada a pluralidade possível de construções discursivas alicerçadas na relação destes sujeitos com essa única e diversa realidade, a natureza *res cogitans* deste 'objeto' (aqui concebida como a integração de tudo o que humanamente se percebe e diz dele) não lhe alcança a totalidade, assim como um *representans* não o faz com o *representandum*.

Inobstante, porém, a este não alcance, é evidente e inegável que a mente humana, em se processando, processa, de forma comum, o acontecimento sociocognitivo do tempo-espaço, já que respondemos mais ou menos consensualmente aos estímulos ambientais, que, ao longo da evolução, refletem a capacidade e a necessidade humanas (também de outros seres vivos) a) de adaptação ao nicho a que pertencemos, b) de interação espaçotemporal com o meio, como mecanismo de auto-organização do self e c) de manutenção da própria vida.

Entende-se, nesse sentido, que todos os organismos vivos constroem uma inter-relação direta com o meio em que vivem, de tal forma que permanecem em um contínuo ato de (re)conhecimento do contexto em que se realiza, o que implica conceber intersubjetivamente o espaço-tempo à sua volta.

É a 'Biologia do Conhecer', que justifica a máxima "viver é conhecer", de Humberto Maturana, também evidente em Maturana e Varela (1995), o que, nos moldes de Edelman (1987), pode ser traduzido como uma expansão da capacidade de seleção natural dos organismos vivos (mais especificamente, trataremos disso na seção 3.3). Mas, a rigor, no processo de auto-organização, o ser cognoscível organiza o mundo à sua volta. Ou seja, na perspectiva deste autor, o mundo físico, externo, além de possuir, em alguma extensão, sua própria natureza *res extensa*, também resulta da atuação dos próprios organismos vivos na ação de se auto-organizarem.

Esta concepção sequente ao conexionismo, conhecida como *enação* [para Arendt (2000), este termo foi cunhado por Humberto Maturana e Francisco Varela, a partir da expressão espanhola '*en acción*'][52], promove a noção de *ação cognitiva*, de *experiência*, em vez de *representação*. Justifica-se, assim, que o termo 'representação' usado ao longo deste texto, a

[52] Ressalva-se que 'enação', no português (1939), ou '*enation*', no inglês (1835-1845), está associado à botânica e advém do latim '*enatus*' = 'nascer de', brotar, surgir. É possível, todavia, que o termo tenha ganhado uma extensão de sentido com Maturana e Varela.

maioria das vezes entre aspas, distingue-se do usado a partir dos padrões computacionais da primeira fase dos estudos de cognição. Nas palavras de Damásio, há uma razão pela cautela com o termo 'representação':

> [...] ele facilmente evoca a metáfora do cérebro como computador. Mas essa metáfora é inadequada. O cérebro de fato executa computações, mas sua organização e seu funcionamento têm pouca semelhança com a noção comum do que é um computador. (Damásio, 2000, p. 406).

O próprio Damásio faz recomendações quanto ao uso do termo 'mapa':

> É bem verdade que, assim como ocorre com a palavra representação, existe uma noção legítima de padrão e de correspondência entre o que é mapeado e o mapa. Mas essa correspondência não se dá ponto a ponto, e, portanto, o mapa não precisa ser fiel. O cérebro é um sistema criativo. Em vez de refletir fielmente o ambiente que o circunda, como seria o caso com um mecanismo engendrado para o processamento de informações, cada cérebro constrói mapas desse ambiente usando seus próprios parâmetros e sua própria estrutura interna, criando, assim, um mundo único para a classe de cérebros estruturados de modo comparável. (Damásio 2000, p. 406-407).

Na perspectiva desse pensamento, entende-se que, a partir da emergência das redes neurais, a percepção/categorização, as reações à percepção/categorização e o que é percebido/categorizado se organizam em conjunto, ou seja, sujeito e objeto são a especificação um do outro e emergem na ação. Abandona-se, dessa forma, a ideia de um mundo físico preexistente e acabado, ao qual o cérebro acessa por meio de processos cognitivos e/ou por meio de símbolos predefinidos. E o cérebro, nessa concepção, não é um órgão que reflete mundos, objetos: ao contrário, baseado na 'enação', na experimentação, é um órgão que os constrói.

Embora se tenha dito isso em aplicações relativas aos estudos de linguagem e cognição, entendemos que não seja possível adotar conceitos, assim, por vezes extremos como um padrão a se seguir sem ressalvas ou contrapontos. Então, importa dizer que o fato de os seres se auto-organizarem ou de organizar o mundo à sua volta não pode negar, em alguma extensão, certa autonomia dos objetos do mundo. Uma negação dessa natureza implicaria dizer que todos os objetos do mundo (inclusive tempo e espaço) fossem, necessariamente, uma criação da atividade mental de cada indivíduo. E isso não parece razoável. Então, o que se afirma é a existência de dispositivos mentais inatos, primitivos, que, a nosso ver, contribuem decisivamente na auto-organização dos seres vivos.

Aqui, abordamos duas categorias — tempo e espaço — que parecem seguir um padrão de realização cognitiva e, por extensão, ser passíveis de 'representação' comum em atividades de linguagem. Isto é, a auto-organização do ser, nesse sentido, tanto garante a sua adaptação ao espaço e ao tempo em que vive quanto constitui a própria existência do tempo-espaço linguístico, o que nos remete, mais uma vez, às condições necessárias ao que temos chamado, neste texto, de temporalização/espacialização, que ocorre no instante presente, na interseção 'dado/novo' de que se falou anteriormente, à página 66.

Note-se que o par 'dado/novo', ainda que usado em relação à espacialidade, supõe, necessariamente, a temporalidade 'passado/futuro' e, por conseguinte, a evidente capacidade humana de espacialização/temporalização, emergente entre o que foi e o que será, indispensável à condição de existência de todo ser cognitivo; além disso, evoca a formulação central deste texto, na perspectiva de que a realização da vida bem como as projeções linguístico-cognitivas de tempo-espaço acontecem tão somente na interseção entre o 'dado' e o 'novo'. Essa interseção corresponde ao '*e*' foucaultiano[53], o aqui/agora, o presente em que o sujeito linguístico cognitivo se institui, se projeta e se mantém, em relação a si mesmo e ao mundo, numa abertura ínfima[54] que o torna realidade "no '*e*' do recuo *e* do retorno, do pensamento *e* do impensado, do empírico *e* do transcendental, do que é da ordem da positividade *e* do que é da ordem dos fundamentos" (Foucault, 1999, p. 470).

Com base nisso, afirma-se que advém desse movimento evolutivo dos seres vivos a base de funções mentais (cognitivas e psicológicas) integralmente presentes na construção humana da vida, permitindo aos homens percorrerem espaços, estimarem distâncias, escolherem direções, localizarem objetos, situarem lugares e tempos. Nesse contexto, mapas cognitivos são constructos mentais atuais, processos que possibilitam ao homem: a) situar-se no tempo-espaço vital: temporalizar/espacializar; b) construir 'representações', projeções de eventos

[53] Em Nobre (2004), há um capítulo dedicado à concepção foucaultiana de linguagem e sujeito, no qual trato mais exaustivamente do que aqui chamo de "*e* foucaultiano". Confira-se especialmente Foucault (1999, p. 463-470).

[54] Está-se, novamente, diante da concepção heideggeriana de tempo-espaço presente, desenvolvida na seção 2.

cotidianos, a partir de estímulos sensoriais, semânticos, afetivos; c) categorizar objetos, pessoas, fenômenos perceptíveis, sons, cheiros, sensações diversas; d) remeterem-se a lugares e tempos percorridos, em percurso ou a percorrer.

Além disso, por meio do mapeamento cognitivo do domínio de acontecimentos reais, que se dá no ponto de convergência espaço/tempo, o aqui/agora já anunciado anteriormente, o ser humano se estabelece psicocognitivamente, se realiza, se orienta e constrói mecanismos para responder às exigências do ambiente que o envolve e o constitui: isto é existir, em sentido lato. A mais, os humanos, na visão de Arsenijević (2008), ascensionalmente aos outros animais, são capazes de fazer referências de forma recursiva aos acontecimentos, isto é, são capazes de representar/manifestar todos os acontecimentos da vida no domínio das atividades linguísticas. Por esta razão, este autor acredita que há uma direção evolutiva que pode ser traduzida como "From Spatial Cognition to Language", isto é, a linguagem, que exige um estágio elaborado de consciência, surge da cognição espacial, advém de um estágio primário de consciência, já presente nos primórdios da evolução biológica.

De certa forma, esses dois últimos parágrafos apontam, respectivamente, a) para o aspecto psicológico de percepção do tempo-espaço, de que, rapidamente, trataremos a seguir, na seção 3.2; e (b) para a concepção das ciências cognitivas, que capitaliza a linguagem como objeto do mundo natural inextricavelmente ligada a outras funções cerebrais, como consciência e memória. Deste assunto, trataremos na seção 3.3.

## 3.2 A face psicológica do tempo-espaço

Do ponto de vista psicológico, que também é constitutivo dos objetos linguístico-cognitivos, a integração espaço-tempo parece inevitável, já que necessitamos dos movimentos no espaço para concebermos o tempo. Mas nem todas as realizações de espaço e de tempo são absolutamente idênticas. Às vezes, a construção de tais realidades pode advir de aspectos psicológicos diversos e tornar a noção de tempo-espaço relativa a distintos campos de experiência. Assim, na perspectiva psicológica, a percepção/categorização humana das relações espaciais e/ou temporais, diferentemente da concepção da Física, pode configurar-se de forma **não** idêntica a todos; pode variar de acordo com a experiência e/ou com a pessoa.

Observemos, por exemplo, a percepção de uma distância de 1 km da perspectiva da *Gestalt*, quando percorrido por uma pessoa exausta em comparação ao mesmo percurso feito por alguém em plena forma física, ou quando percorrido por uma pequena criança em comparação a um adulto: 1 km é o que é, mas a experiência de percurso (percepção/categorização) dessa extensão espacial, tomada da perspectiva do exausto, certamente constrói uma realidade diferente do que pode vivenciar (perceber/categorizar) a criança e/ou a pessoa em boa forma física. De igual forma, compare-se a 'dilatação' do tempo (ou da percepção deste) quando 30 minutos estão associados ao tédio de se esperar alguém ou à concentração de se assistir a um filme emocionante: 30 minutos são, exclusivamente, 30 minutos, mas a forma de percepção dessa extensão/duração temporal não parecerá a mesma nas duas circunstâncias.

Para ilustrar melhor a asserção *supra*, eis um excerto de um texto publicitário apresentado em abril de 2009 pelo Ministério da Saúde e Governo Federal, numa campanha de doação de órgãos. Nele, a percepção de tempo está relacionada à condição de quem o concebe, e a forma de categorização temporal, ainda que para o mesmo intervalo de tempo, se faz diferente a cada experiência:

> *CONSIDERAÇÕES SOBRE O TEMPO*
> *"Cinco segundos caminhando na praia é pouco*
> *Cinco segundos caminhando sobre brasas é muito*
> *Cinco minutos para quem precisa dormir é pouco*
> *Cinco minutos para quem precisa acordar é muito*
> *Um fim de semana de sol é pouco*
> *Um fim de semana de chuva é muito*
> *Um mês de férias é pouco*
> *Um mês sem descanso é muito*
> *Uma vida pra quem doa é muito*
> *Mas uma vida pra quem espera é tudo*
> *Tempo é vida."*
> (Ministério da Saúde, 2009).

Embora seja indiscutível a diferença de percepção do tempo-espaço nas condições descritas anteriormente, ainda não é possível precisar de forma universal o que realmente acontece em termos de processamento cognitivo, 'representação'/avaliação psicológica da referida realidade. Isto é, não é possível dizer, por exemplo, se a duração '5 segundos' é exclusivamente categorizada como rápida ou lenta, a depender do estado de tédio ou de bem-estar. Um excerto de uma análise feita por Zakay e Block esclarece a incerteza ou imprecisão de perspectivas teóricas a este respeito:

> As pessoas também estimam durações iguais de modo diferente, dependendo da quantidade de informações apresentadas ou processadas durante o período de tempo. As pessoas podem estimar durações preenchidas como sendo mais longas que durações vazias, mas às vezes o inverso é encontrado. Juízos de duração tendem a ser mais curtos se uma tarefa mais difícil é executada em vez de uma tarefa mais fácil, mas, novamente, o oposto também foi relatado. As pessoas geralmente fazem estimativas de duração mais prolongadas para estímulos complexos do que o fazem para estímulos simples, embora alguns pesquisadores encontraram o oposto.[55] (Zakay; Block, 1997, p. 12, tradução nossa).

Assim, o tempo, além de ser uma realidade mensurada a partir da percepção humana dos movimentos no espaço, é apresentado como um 'ente' subjetivo, relacionado à condição emocional, ao estado físico, à condição de estresse e/ou a outros componentes psicológicos presentes nas vivências humanas. Tais componentes conferem certa 'qualidade' à percepção do tempo.

Dessa forma, há duas acepções distintas e integrantes das noções de espaço e de tempo: de um lado, em um sistema de representação de conhecimento que tem modelo cognitivo de estado de coisas e que é determinado essencialmente pelas experiências cotidianas dos seres humanos, espaço e tempo são vistos como um quadro de referência dado pela disposição/arranjo dos objetos (espaço) e eventos (tempo); de outro, quando o modelo é associado a atributos psicológicos, espaço e tempo, além de extensão e de medida dos movimentos dos objetos, ganham certo status relacionado ao estado de espírito do ser que mede, que reflete estados emocionais possíveis da natureza humana. Isto é, sob a perspectiva da *Gestalt*, há possíveis percepções/categorizações de tempo e/ou de espaço, caracterizadas como totalidades organizadas sob os atributos de traços subjetivos de fenômenos psicológicos.

---

[55] Tradução livre de "People also estimate equal durations differently depending on the amount of information presented or processed during the time period. People may estimate filled durations as being longer than empty durations, but sometimes the reverse is found. Duration judgments tend to be shorter if a more difficult task is performed than if an easier task is performed, but again the opposite has also been reported. People usually make longer duration estimates for complex than for simple stimuli, although some researchers have found the opposite".

Diante da impossibilidade de se construir uma teoria para cada percepção humana de tempo-espaço, reconhece-se, novamente, que as ciências humanas, sobretudo as de orientação cognitiva, ainda carecem de uma teoria que dê conta dessa temática mais plenamente. É o que afirma Casasanto no excerto seguinte:

> Embora a duração subjetiva seja um dos primeiros temas investigados por psicólogos experimentais (Mach, 1886)[56], as ciências cognitivas têm ainda de produzir uma teoria abrangente de como as pessoas acompanham a passagem do tempo, ou até mesmo chegam a acordo sobre um conjunto de princípios que consistentemente governam as estimativas de duração das pessoas. (Casasanto, 2010, p. 454).

Embora possa haver variações em função de interferências de natureza psicológica, está evidente que, como seres humanos, sentimos e processamos a passagem do tempo (também do espaço) de forma mais ou menos idêntica. Isso porque existem processos periódicos que ocorrem dentro do nosso próprio metabolismo — respirações, batimentos cardíacos, pulsos elétricos, digestão, ritmos do sistema nervoso central. E, se nossos ritmos internos não são tão uniformes quanto um pêndulo ou um cristal de quartzo, já que eles podem ser afetados por condições externas ou por nossos estados emocionais, psicológicos, isso pode construir a impressão de que o tempo está passando mais rapidamente ou mais lentamente, ou de que o espaço percorrido é maior ou menor (salienta-se que ritmos internos não interferem na 'estrutura' do tempo-espaço físico). Então, se a percepção do tempo-espaço integra aspectos psicológicos humanos, a natureza representativa de tal realidade, isto é, o funcionamento, a realização do tempo-espaço, na psique humana ainda carece de explicação. Colocado assim, o sistema de representação do conhecimento cognitivo humano do tempo-espaço, neste viés psicológico (aqui entendido não como o que cognitivamente se conhece do tempo-espaço, mas o que se conhece do cognitivo), permanece, pelo menos em parte, como um inquietante mistério a se esclarecer.

Lakoff e Johnson (1999) afirmam que a concepção/compreensão da realidade está diretamente associada à natureza do corpo humano e da interação deste com o meio, por meio da 'manipulação' de objetos e movimento. Nessa concepção, além do aspecto psicológico, é importante

[56] Referência a: MACH, E. *Contributions to the analysis of sensations*. Chicago: Open Court Publishing Company, 1896/1897.

considerar as experiências corpóreas na formação dos significados. A partir deste postulado, os autores propõem uma 'mente corporificada', o que sugere o 'experiencialismo' psicológico, concepção filosófica segundo a qual tanto a organização quanto a função do cérebro se baseiam na integração entre corpo e mente, uma vez que as atividades mentais são necessariamente corporificadas e estruturadas mediante experiências corporais.

Tal concepção tem sido usada como argumento para justificar o uso de estruturas espaciais, que advém de um contato mais direto do corpo com o espaço, para traduzir atividades mentais relacionadas às percepções temporais. Daí a ideia de que, do contato físico com o mundo, a mente abstrai conceitos largamente metafóricos. Mas ainda permanece a pergunta principal: dada a diversidade de nuances, 'como' as pessoas representam mentalmente domínios abstratos como 'tempo', utilizando-se de estruturas mentais que não foram criadas com essa finalidade?

Se se crê na teoria sustentada por Darwin de que a evolução pode explicar o surgimento de pensamento abstrato sem recurso a reencarnação[57], o que, para o meio acadêmico em geral, tem sido uma proposta mais razoável, em função do caráter científico atribuído ao evolucionismo darwiniano, toma-se por verdadeiro que os organismos reciclam velhas estruturas para novas utilizações, isto é, um órgão construído por meio de seleção para uma função específica pode ser fortuitamente adequado para desempenhar outras funções não selecionadas e promover diferenças internas à própria função eventual. Por exemplo,

> [...] o registro fóssil sugere que as penas não foram originalmente 'projetadas' para voar. Em vez disso, se desenvolveram para regular a temperatura do corpo em pequenos dinossauros corredores, e, só mais tarde, foram cooptados para o vôo. (Gould, 1991 *apud* Casasanto, 2010, p. 456).

E nem todos os voadores voam da mesma forma.

Aplicado aos humanos e em outras palavras, pode-se dizer que, por meio do mapeamento cognitivo do domínio físico, o homem, além de se estabelecer, se orientar no espaço, passa, em função de um estágio elaborado de consciência de si mesmo, a se projetar psicológica e lin-

[57] Às vezes, o termo 'reencarnação' está associado ao pensamento de Platão (Menon), segundo o qual nós não podemos adquirir conceitos abstratos por meio de instrução, e, "já que bebês não nascem sabendo-os, deve ser que recuperamos esses conceitos de encarnações anteriores de nossas almas" (Casasanto, 2010, p. 455).

guisticamente no tempo-espaço. Para tanto, desenvolveu a capacidade de construir mecanismos de representação temporal a partir da cognição espacial. Na história da espécie humana, surge, assim, uma "consciência superior", atribuída aos seres humanos, que advém do que Edelman (1998) chama de "consciência primária", comum todos os animais na evolução biológica. Tratemos disso a seguir.

## 3.3 Perspectiva neurobiológica do tempo-espaço

O processo de cooptação apresentado anteriormente tem sido usado, de maneira geral, para explicar a origem de muitas estruturas biológicas e psicológicas cuja adaptação direta não parece possível na história evolutiva, segundo estudos da neurobiologia. Por tal perspectiva, esboça-se que conceitos abstratos sejam exaptados como penas de dinossauros. A exaptação — entendida como uma estrutura que surgiu para uma função específica e que adquiriu uma forma que lhe permitiu realizar uma outra função não relacionada com a primeira — pode dar conta de habilidades mentais em seres humanos que não poderiam ter sido selecionadas para tal. A pergunta é: como isso pode ter acontecido, ou seja, domínios abstratos foram exaptados de que capacidade cognitiva? Steven Pinker esboçou a seguinte proposta:

> Suponha que circuitos ancestrais para o raciocínio sobre o espaço e força foram copiados, os exemplares de conexões para os olhos e músculos se romperam, e referências ao mundo físico foram esmaecidas. Os circuitos puderam servir como um andaime cujos vãos estão preenchidos com símbolos para interesses mais abstratos, como os estados, posses, ideias e desejos[58] (Pinker, 1997, p. 355[59] *apud* Casasanto, 2010, p. 456, tradução nossa).

Esta concepção das ciências cognitivas capitaliza a linguagem enquanto objeto do mundo natural inextricavelmente ligada a outras funções cerebrais, como consciência e memória. E isso promove novas concepções, levanta novas indagações e sinaliza novos movimentos teóricos. Conforme Russo e Ponciano (2002, p. 354), o paradigma da pesquisa

[58] Tradução livre de "Suppose ancestral circuits for reasoning about space and force were copied, the copies' connections to the eyes and muscles were severed, and references to the physical world were bleached out. The circuits could serve as a scaffolding whose slots are filled with symbols for more abstract concerns like states, possessions, ideas, and desires".

[59] Referência a: PINKER, S. *How the mind works*. New York: Norton, 1997.

biológica, com sua ênfase nos achados empíricos e na evidência material, passa a ser determinante no desenvolvimento das novas teorias sobre a cognição humana.

Uma das concepções de linguagem relacionada com o fator biológico, por exemplo, é atribuída a Chomsky (1957), para quem o homem traz consigo uma faculdade de linguagem, também denominada Gramática Universal (GU), subjacente às gramáticas das línguas e descrita em termos de princípios e parâmetros. Mas, como esta não é a nossa temática principal, trataremos, a seguir, mui rapidamente, da concepção biológica a respeito do processamento cognitivo (também linguístico) do tempo-espaço do ponto de vista da memoração e da construção do self. Para isso, recorreremos, sobretudo, aos estudos de Edelman (1987, 1988, 1989, 1992, 2004, 2006) e de Edelman e Tononi (2000).

### 3.3.1 Cognição do tempo-espaço e a construção do self

Em função da diversidade de trabalhos a respeito de memória, a partir dos quais também se pode falar de tempo-espaço, preciso iniciar esta seção com uma nota. Não trataremos aqui dos estudos a respeito da memória humana. Apenas percorreremos os 'achados' neurobiológicos de Edelman (1987, 1988, 1989, 1992, 2004, 2006) a respeito da emergência do self no presente espaçotemporal, por entendermos que os estudos da Neurobiologia, além de promoverem avanços na concepção do que seja a consciência de si, abandona a ideia de cérebro estruturado como computador e passa a considerar a cognição na dinâmica de funcionamento do ser humano em constante atividade de auto-organização. Tem-se, em tais estudos, um homem pensado no processo de categorização dinâmica da própria consciência, na qual emerge o espaço-tempo presente, em que ele (o homem) se constrói e se identifica (feito self) na relação com o mundo, durante toda a existência.

Nesse sentido, o homem se concebe, histórica e recursivamente, como um ser no mundo. E só o faz graças à sua capacidade de (re)memoração. Isso aponta para o processamento cognitivo das próprias vivências humanas no tempo-espaço. Em tais vivências, estão as atividades linguísticas, cuja realização depende, entre outras coisas, do processamento cognitivo do próprio tempo-espaço linguístico, que é o presente enunciativo [nos moldes da teoria da enunciação benvenistiana, Benveniste (1989)] e constitui as predicações *grounding* [nos moldes de Brisard (2002)] 'responsáveis' pela construção do self. Nesta seção, trabalharemos a noção de memória, mais especificamente, para tratar desse assunto.

#### 3.3.1.1 Tempo-espaço rememorado(s) na construção do self

Edelman (1992) também vê a categorização humana do tempo-espaço como base para o processo de aprendizagem (ressalva-se que Edelman tratou da categorização de forma mais abrangente. Por razões óbvias, o termo está, nesta seção, associado, mais especificamente, ao tempo-espaço) e a memória (não só a memória) como constitutiva da habilidade para categorizar. Esse autor concebe também que, da interação entre a nossa experiência corpórea e o mundo, vem a forma como categorizamos a realidade. Para ele, o fenômeno de categorização é linguístico e cognitivo, o que o aproxima do que Lakoff (1987) denomina "experiencialismo".

O experiencialismo se baseia num princípio segundo o qual o corpo, a linguagem e o mundo mantêm uma relação de dependência, e dessa relação decorrem os sistemas categorizadores e conceptuais da nossa experiência corporal e social. De acordo com Edelman (2006), o cérebro não está isolado — está encarnado no corpo, e este, por sua vez, incorporado no ambiente, no seu nicho ecológico. A categorização, neste contexto, está relacionada à memória, e esta tem como sustentáculo as mudanças adaptativas no 'comportamento' cerebral que satisfazem às necessidades fisiológicas do indivíduo. Como a memória, nesse contexto, parece estar organizada em múltiplos sistemas (o sistema nervoso, por exemplo), as informações memorativas, a 'memoração' constitutiva do self no aqui-agora e emergente na consciência, são processadas em redes neurais. Neste caso, a consciência é considerada fruto do funcionamento integrado de diversos módulos ou mapas cognitivos.

Assim, Edelman (2006) considera que o processo de formação da consciência é dinâmico, e não linear. E, nessa formação, o componente biológico está associado com o experiencial. Tal processo, segundo o autor, se faz em permanente evolução e desenvolve no cérebro uma constante e adequada seleção de genes, que são preparados para lidar com novas experiências sensoriais a partir de contextos emocional e culturalmente desenvolvidos. Por tal perspectiva, está evidente a capacidade do cérebro de promover seleções neurais e ativar mudanças sinápticas necessárias para o próprio equilíbrio, subsistência e consciência do ser, no ambiente em que este está inserido. Consciência (aqui associada à percepção e à categorização) do tempo-espaço presente, então, não é uma coisa: é um processo. Um complexo processo de realização dinâmica de atividades distribuídas de populações de neurônios em diversos centros nervosos, em áreas diferentes do cérebro.

Nessa perspectiva, o autor sinaliza a possível 'dialética' por ele indicada para se conceber como o 'presente rememorado', conforme se estabelece em *The remembered present: a biological theory of consciousness*. '*Remembered Present*' é designado pelo autor como tomada de consciência da vida perceptiva pelos humanos. Para ele, está evidente o fato de a consciência

> [...] mudar constantemente, e, ainda assim, ser, a cada momento, inteira – o que chamei de "presente rememorado" – refletindo o fato de que toda a minha experiência passada toma parte na formação de minha percepção integrada desse único momento. (Edelman, 1989, p. 8, tradução nossa).

Nessa direção, no presente da vida, encontramos o homem, ao mesmo tempo, uno e em constante modificação, por meio de processos de conexões neuronais aleatórios, responsáveis pela sua (do homem) permanência no tempo. E tais processos são provocados, geralmente, pelas necessidades de resposta do ser humano ao meio externo e também por movimentos subjetivos, como lembranças, crenças, sentimentos, aprendizagens etc. Tais movimentos constituem, nesse sentido, o caráter subjetivo do próprio cérebro.

Assim, as relações estabelecidas entre o reconhecimento de uma cena vivida e um novo evento não são causais, não se relacionam necessariamente ao mundo exterior; para o referido autor, são subjetivas, baseadas no que fez sentido ou teve valor para o indivíduo no passado. Essa capacidade humana de (re)elaboração da vida, de (re)categorização, é fruto da emergência de um novo circuito neural no processo evolutivo, ou seja, conforme o ser humano se desenvolve, novos circuitos neurais modificam seu próprio cérebro e desenvolvem novas habilidades cerebrais.

A emergente memória humana do tempo-espaço presente, nesse sentido, é uma das funções psíquicas, as quais Edelman propõe que sejam entendidas em termos do já citado Darwinismo Neural. Segundo o autor, no caso específico da função psíquica 'memória', por exemplo, tem-se um processo cuja 'estrutura' confere a capacidade de categorizar. Não se trata de uma faculdade separada: reflete a estrutura do sistema neural no qual ocorrem mudanças sinápticas emergentes no aqui-agora vital.

> Vou restringir o termo para aplicar a um processo específico e dinâmico que relaciona memória a estruturas que conferem a capacidade de categorizar. Este processo é mediado por alterações sinápticas e não é uma faculdade separada. É uma propriedade do sistema que reflete a estrutura da rede neural em que as transformações sinápticas ocorrem.[60] (Edelman, 1989, p. 109, tradução nossa).

Destaca-se, assim, o aspecto processual da habilidade humana de categorizar (também de categorizar-se em) o tempo-espaço, que, segundo o autor, emerge de mudanças dinâmicas e contínuas nas populações e mapas sinápticos, permitindo que ocorra, em primeiro lugar, a categorização nos padrões motores, cognitivos. O autor ainda evidencia duas características do cérebro responsáveis pela habilidade de categorizar: a variabilidade e sua conectividade de reentrância. O termo 'reentrância' aponta para o mecanismo de sinalização reentrante entre grupos neuronais. O autor define 'reentrância' como o intercâmbio dinâmico, contínuo, de reentrada recursiva de sinais que ocorre em paralelo entre os mapas do cérebro, e que continuamente inter-relaciona esses mapas uns aos outros no tempo e no espaço.

A estreita ligação entre consciência e memória, em Edelman, está no fato de que a memória é um dos processos cerebrais essenciais (com a categorização perceptual e a formação de conceitos) para operar os mecanismos da consciência — que são princípios em que se baseia o Darwinismo Neural. A categorização perceptual, segundo o autor, acontece por meio da interação dos sistemas motor e sensório. Tal interação é uma estrutura dinâmica que contém vários mapas sensórios, tendo cada um deles diferentes funções, todas relacionadas, por meio de ligações, com as 'reentradas'. Esta estrutura dinâmica é uma espécie de mapeamento global. Além disso, o cérebro humano, para realizar o trabalho de generalização, necessita mapear suas próprias atividades, que são representadas por vários mapas globais, resultando na criação de conceitos. Em outras palavras, pode-se dizer que, para Edelman (1992), os conceitos são mapas de seus próprios mapas conceituais.

Nessa perspectiva, temos um desdobramento interessante, que aponta para a capacidade humana de perceber o tempo-espaço vital e projetar (categorizar, representar) tais percepções em atividades linguísti-

[60] Tradução livre de "I will restrict the term to apply to a specific dynamic process that relates memory to structures conferring the ability to categorize. This process is mediated by synaptic change and is not a separate faculty. It is a system property reflecting the structure of the neural system in which the synaptic change occurs".

cas. Estes processos (perceber, categorizar e representar o tempo-espaço) têm relação com os dois tipos de consciência que Edelman apresenta: a "primária"; e a "secundária" ou "elaborada". Aquela consiste em ter imagens mentais no presente; esta permite o reconhecimento dos atos de um sujeito pensante e requer a capacidade de rememoração.

A memória, no entanto, "não pode simplesmente ser equiparada com a mudança sináptica, embora transformações na força sináptica sejam essenciais para isso" (Edelman, 2004, p. 52). Ela é uma propriedade de sistema que reflete os efeitos de contexto e as associações de vários circuitos degenerados capazes de produzir uma saída similar, mas não idêntica, já que cada evento dela é dinâmico e sensível ao contexto, que é associativo e também dinâmico. A memória, então, não replica uma experiência original de forma exata (daí a ideia de recategorização); ela produz uma repetição de um ato mental ou físico que é semelhante, mas não idêntico aos atos anteriores.

> Não há nenhuma razão para supor que uma certa memória seja representacional no sentido de que ela armazena um código estático registrado por algum ato. Em vez disso, é mais proveitoso ser vista como uma propriedade de degenerar interações não lineares em uma rede de trabalho multidimensional de grupos neuronais. Tais interações permitem um não-idêntico "reviver" de um conjunto de atos anteriores e eventos, mas, muitas vezes, há a ilusão de que se está lembrando de um evento exatamente como aconteceu. (Edelman, 2004, p. 52).

Pode-se ver que o caráter dinâmico e não repetitivo da memória humana vem de operações de uma mente mais elaborada, de caráter único em cada indivíduo, a partir das experiências deste. Neste ponto, é importante ressaltar a habilidade humana em construir cenas que tenham relação com a nossa história. Isso marca o surgimento do "eu" linguístico, para que seja possível simbolizar/representar os estados de memória do falante a respeito de si mesmo. Entende-se, para isso, que a capacidade de projeção cognitiva e linguística de um "eu" passado e/ou futuro tenha surgido com a 'consciência superior', que é atribuída aos humanos. Isto é, a consciência primária, também presente em organismos não humanos, é capaz de distinguir o 'eu' do 'não eu' como forma de sobrevivência, mas 'inserção' desse 'eu' em tempo-espaço diverso do aqui-agora só é atribuída aos humanos. Isso graças à sua consciência secundária, 'superior', elaborada.

Note-se que, para o autor, a consciência surge da massiva interação de reentrância entre sistemas de memória e sistemas de categorização perceptual. Isso porque, graças a interações anteriores envolvendo sinais corpóreos (sistemas de valores, motor e de sensações emocionais), os processos centrais se (re)organizam sempre em torno de um "eu", o self, que funciona como centro de referência para a 'memoração'. Este "eu" se constitui como a reflexão de uma integração de uma cena consciente em torno de um pequeno intervalo de tempo no presente.

Também é importante esclarecer que, para Edelman (2004), o termo "Self", além de ser usado para se referir à identidade genética e imunológica de um organismo vivo, também serve para assinalar os 'inputs' característicos de um organismo individual relatado para a sua história e sistemas de valores. E, em sua forma mais desenvolvida, na consciência elaborada, tem-se o self construído na emergência da rede social de interações com uma comunidade de fala.

Esse aspecto emergente, dinâmico, do "self" ou "eu", que perpassa a concepção de 'memória', 'consciência' e 'self' de Edelman, traz consigo, também, a ideia do ser consciente, agente no processo de categorização, 'representação' do tempo-espaço em atividades de produção de sentido, já que, nos termos de Edelman (2004), num estado de consciência superior, tem-se a consciência de se estar consciente. Isso sustenta a nossa capacidade de raciocinar sobre os nossos atos, que são base para um sentido do "eu", o self sempre presente, consciente, 'habilitado' a '(re)criar' o passado e de promover um futuro intencionado. Esta consciência superior requer habilidade semântica, a qual, por sua vez, requer um grau mínimo de consciência, de centramento no presente, no aqui/agora. É o self humano em permanente estado de categorização e recategorização do tempo/espaço em que se insere (o discursivo, em última análise), em que se promove, promovendo-se o sentido. Tratemos dessa dinâmica na seção seguinte.

Conclusivamente, se pensarmos o conceito de memoração como operação dos mecanismos da consciência, com o mecanismo da categorização perceptual e da criação de conceitos, podemos dizer que a (re) categorização é a própria produção constante de sentido e (re)construção do 'self'. Ou seja, a (re)criação, atualização, evolução constante do sentido da vida, que tem relação com a história e as vivências pessoais, crenças, desejos, emoções de cada um, confirma a ideia de caráter único da consciência do tempo-espaço presente e do sentido que cada ser humano produz em relação a si mesmo, ao outro e à comunidade.

Assim se concebe, se edifica a existência de um sentido de identidade persistente, um 'não fraturado 'self' autobiográfico' (Sinha, 2007). O que é uma necessidade fundamental para o bem-estar psicológico e, principalmente, para a sobrevivência do ser humano. Nesse sentido, Antônio Damásio propõe que

> Um aspecto chave da evolução do '*self*' diz respeito ao auto-equilíbrio de duas influências: o passado vivido e o futuro antecipado. [...] As memórias dos cenários que concebemos como anseios, desejos, objetivos, metas e obrigações exercem uma atração sobre o *self* de cada momento. [...] Sem dúvida, eles (anseios, desejos, etc.) também têm um papel na remodelação do passado vivido, consciente e inconscientemente, e na criação da pessoa que concebemos sendo nós mesmos, momento a momento. (Damásio, 2000, p. 223-225).

E este movimento de 'autoequilíbrio', de constituição dos sentidos da vida, que se traduz, de certa forma, como construção do self, é possível, essencialmente, na relação, na interatividade linguística, construída no seio de comunidades falantes entre *selves* (co)constutores de si mesmos.

Alcança-se, nessa perspectiva, o processamento linguístico-cognitivo do ser de linguagem (humano, presente, consciente, interativo) como condição de sobrevivência. A consciência 'superior' deste ser requer também uma capacidade de linguagem, que, por sua vez, requer um grau mais elevado de consciência, constituído pelas experiências vividas e/ou antecipadas no instante presente de cenas enunciativas recursivamente unificadas no aqui/agora interativo do 'self'. Este grau só é alcançado por humanos, em atividades linguísticas com os seus pares. E é desse assunto que trataremos nas seções seguintes.

## 3.4 Tempo-espaço na língua/linguagem

Parece senso, nos estudos norteados pela Linguística Cognitiva, que a linguagem é inextricavelmente ligada a fenômenos psicológicos, cognitivos, sociais, "que não são especificamente linguísticos no caráter" (Langacker, 1987, p. 13). Considerando, dessa forma, que a aquisição e o uso da linguagem repousam numa base experimental, já que a experiência do mundo é filtrada por meio de faculdades mentais extralinguísticas (atenção, percepção, categorização, memória etc.), a linguagem deve ser, necessariamente, influenciada por tais faculdades. E, nesse sentido, sistemas perceptivos e cognitivos da natureza humana são de significativa relevância para o estudo da linguagem em si.

Uma das principais tarefas na Linguística Cognitiva tem sido investigar as ligações entre a linguagem e a cognição humana. No domínio da semântica, por exemplo, busca-se fundamentar o significado não exclusivamente no mundo, mas em representações mentais e perceptuais que se constroem do/no mundo. Considerando que esta seja a orientação geral da área, procuraremos nesta seção focar, mais especificamente, a relação da linguagem com a percepção, a categorização, a representação linguística das relações espaçotemporais.

Do ponto de vista epistemológico e também do desenvolvimento intelectual da espécie humana, pode-se presumir que a consciência de objetos e eventos (ou seja, a percepção/construção cognitiva de objetos) seja primária; e a de espaço/tempo (como espacialização/temporalização), secundária[61]. E, do ponto de vista das ciências naturais, especialmente no contexto dos resultados alcançados na Física no século XX, não se pode supor 'espaço' e 'tempo' como entidades absolutas. Desses conceitos, decorre a noção de que tempo e espaço não são percebidos nem podem ser caracterizados com o mesmo status ontológico de objetos ou eventos.

No entanto, é comum verificar expressões diárias (vide exemplos à página 88) em que tais conceitos (espaço e tempo) são cognitivamente projetados, como se localização e intervalos de tempo-espaço fossem objetivamente entidades autônomas, nas quais os objetos ou eventos podem ser incorporados. E, nesse prisma, tanto "tempo" quanto "espaço" passam a ser condição para o homem identificar e localizar coisas que acontecem no universo. Nesse caso, se se quer convidar alguém para participar daquele café 'feito' à página 16 deste texto, ou realizar coletivamente uma atividade, é necessário e possível especificar o tempo-espaço de tal realização.

Entendemos que a realização linguística de tal especificação é possível graças à nossa capacidade de categorizar e 'representar' recursivamente o mundo que acontece, novamente e novamente, feito um conjunto de cenas, dentro da ordem e/ou sequência dos movimentos. A recursividade, nesse sentido, é a condição para que o mundo nos pareça sempre uno e sempre diverso. Assumimos que o tempo-espaço, nessa acepção, não se

---

[61] Observar que, na perspectiva de Arsenijevic, espacializar é facultado também a outros animais, além dos humanos.

configura(m) como rótulo(s) em cada cena, em cada instância do mundo. Tem-se o espaço como o grande cenário, constituído por inúmeros cenários e diversas cenas; e o tempo como o elemento (ou ente) que garante a união e a ordem das cenas.

Assim, no exercício linguístico, é possível dizer mais do que "aconteceu isso", ou "aconteceu aquilo", isto é, de forma explícita ou não, projetamos tempo-espaço no que enunciamos: podemos dizer que 'aquilo' aconteceu/está '***antes de***'; e que 'isso' aconteceu/está '***depois de***'. E, mesmo que se diga apenas "isso aconteceu", sem a expressão linguística que designa tempo ou espaço, entende-se que o tempo-espaço seja cognitivamente processado. A título de ilustração, consideremos a cena construída pela charge a seguir:

Figura 2 – Charge: Dia dos Pais

Fonte: Luscar. *A Charge Online*, 14 ago. 2011

Nela, estabelece-se a 'cadeia' e o 'dia dos pais' como o 'aqui/agora' dos interlocutores. Na expressão linguística "*pode ir ver seus filhos. Mas trate de voltar, que a cadeia não é uma mãe*", ainda que não seja expresso o lugar a que o 'preso' possa ir visitar os filhos, o entendimento se faz sem prejuízo, já que, tomando-se a cadeia como espaço da enunciação, a casa do preso, projetada cognitivamente como lugar dos filhos, é evidentemente processada. Da mesma maneira, a 'cadeia' o é, como lugar a que o preso deve voltar. Assim também, a partir do 'agora' enunciativo, processa-se a temporalidade 'presente' ao evento "ir", e 'futuro' ao evento 'voltar', que são o '***antes***' e o '***depois***' linguisticamente não expressos.

Vejamos outros exemplos de projeções (leia-se percepção/categorização) linguístico-cognitivas de tempo-espaço:

1. ***Depois de fechar o negócio***, *ninguém quer quebrar paredes para desmembrar um quarto de empregada que, de tão pequeno e sem ventilação, permanece encostado; nem ter de pensar em uma solução para* ***um canto esquerdo da sala de jantar***, *onde* não *se coloca uma poltrona, nem uma pequena mesa de canto ou um lustre, mesmo que ele seja bem delgado*[62].

2. *Que neste* ***Natal***, *aquela magia toda guardada durante* ***todo o ano*** *venha presente nos corações daqueles que festejam o amor*[63].

3. *A radiação cósmica de fundo é uma radiação eletromagnética que preenche* ***todo o universo***[64].

Em (1), "fechar o negócio" é um evento circunscrito em um intervalo de tempo tomado como único, integral. Se tomado isoladamente, tal tempo pode ser projetado como independente, absoluto. Todavia a expressão '**depois de**' o evidencia como '**antes de**' outros eventos. Assim, a) 'depois de fechar o negócio' reporta uma projeção de outras ações no futuro. Nesse caso, tem-se um intervalo de tempo relacional, '**depois de**' o qual pode, ou não, acontecer uma sucessão de outros eventos. No mesmo exemplo, vê-se, também, a configuração de uma unidade espacial autônoma, designado como "um canto esquerdo da sala de jantar". Da mesma forma, tal unidade pode ser concebida como independente, única, mas também pode indiciar uma projeção espacial relativa ao objeto/espaço 'sala', por sua vez projetado a partir do objeto/espaço 'casa'. Note-se que 'sala', 'casa', 'canto esquerdo' são objetos e espaços nos quais se projetam outros objetos. Neste caso, os objetos são espacializados de forma gradativa e relacional: casa > sala > canto esquerdo.

[62] Disponível em: www.revistatechne.com.br. Acesso em: 16 nov. 2011.

[63] Disponível em: www.declaracaodeamor.com. Acesso em: 16 nov. 2011.

[64] Disponível em: http://pt.wikipedia.org. Acesso em: 16 nov. 2011.

Em (2), 'Natal' designa um tempo/evento preciso, mensurável, também tomado como unidade neste contexto, bem como o é o tempo 'todo o ano', dentro do qual se realiza o evento 'Natal', que, na frase, projeta um futuro (note-se que o acesso ao site com este texto foi em 16.11.2011, mas o efeito de futuro independe de uma data circunstancial) e configura o referido 'ano' como um tempo em curso no presente enunciativo. Não obstante, o tempo 'Natal' é relacional a um tempo 'ano', que, por sua vez, sucede um ano e precede outro.

Em (3), "o universo" é tomado como absoluto, pleno, ilimitado. No exemplo, tem-se um espaço que pode ser preenchido, como o pode "a sala de jantar" de (1), ainda que esta não seja concebida na mesma configuração daquele.

Como se vê, as tomadas de tempo-espaço tanto podem configurar uma projeção única, independente, quanto podem indiciar projeções integradas de tempo-espaço, a partir da ordem dos eventos e/ou dos movimentos, limitadas a outras configurações de tempo-espaço. Na direção desses aspectos ambivalentes e aparentemente opostos, os conceitos 'espaço' e 'tempo' também se caracterizam por uma dialética especial de aspectos aparentemente paradoxais. Quanto ao espaço, se, por um lado, uma concepção deste requer a 'apreensão' de uma coleção de objetos como uma unidade de abrangência espacial (o universo, o sistema solar, a Terra, uma sala de estar etc.), por outro, para distinguir os diferentes elementos de um conjunto de objetos, é imprescindível a concepção de espaço. Quanto ao tempo, se por um lado a irreversibilidade de muitos processos, especialmente dos processos vitais, é crucial para a concepção humana de tempo (temporalização) e de estruturação, no passado, presente e futuro, por outro a 'medição' do tempo baseia-se essencialmente na existência de processos reversíveis e/ou cíclicos e parece impossível sem processos periódicos (a rotação da Terra, o movimento de um pêndulo etc.).

Nos exemplos *supra*, analisamos expressões espaciais, separadamente das temporais, considerando apenas a relação autonomia/relatividade das projeções de espaço e das de tempo. Mas também se pergunta (talvez seja a pergunta principal) a respeito das 'representações' linguísticas em que termos espaciais são aplicados para referirem-se a ideias de tempo. Busca-se entender como e por que estruturas cognitivas de espaço servem para processamento de tempo.

Há um conjunto de razões para que se tenha no domínio das relações espaciais a base para se explicar as projeções cognitivas de termos abstratos como o tempo. Uma delas, talvez a principal, é a ideia de 'concretude' relativa de tais relações, isto é, tem-se entendido que elas são objetivamente mensuráveis e, portanto, facilmente acessíveis para investigação científica. Outra é o fato de que o espaço (ou estruturas cognitivas de espacialização) serve como um dispositivo de estruturação conceitual fundamental na linguagem: termos espaciais são, muitas vezes, expressos por formas linguísticas do tipo que geralmente carregam estrutura conceitual central e são frequentemente usados em domínios não espaciais (temporais, por exemplo), por meio de metáfora, dando uma forma de estrutura espacial para esses domínios não espaciais, conforme veremos adiante. Note-se que optamos por relacionar certas estruturas linguístico-cognitivas como centrais, que, nesse caso, são acionadas tanto nas expressões relativas ao domínio espacial quanto nas relativas a quaisquer outros domínios. Retomaremos rapidamente esta perspectiva na seção 3.5.

### 3.4.1 Cognição e metáfora do tempo-espaço

A ideia de que o conceito humano de tempo é baseado no conceito de espaço não é nova. Há mais de um século, o filósofo Jean-Marie Guyau declarou:

> É principalmente por meio do espaço que determinamos e medimos o tempo [...]. O momento presente é claramente o ponto de origem de qualquer representação do tempo. Nós só podemos conceber o tempo de uma perspectiva atual, em que representamos o passado para trás de nós e o futuro à nossa frente. Mas esta perspectiva é sempre uma cena espacial, um evento que ocorreu em um material e estendido contexto. A forma de nossa representação do tempo, a forma como pensamos, é essencialmente espacial. O espaço que percebemos é na frente de nós, o espaço que representamos simplesmente sem perceber ele está atrás de nós. De fato, só podemos representar o espaço nas nossas costas por imaginarmos que nós estamos frontalmente deparando-o. Assim é com o tempo, podemos vislumbrar o passado apenas como uma perspectiva para trás de nós, e o futuro emergindo do presente como uma perspectiva diante de nós. (Guyau, 1988[65] *apud* Tenbrink, 2007, p. 12).

[65] GUYAU, Jean-Marie. La genèse de l'idée de temps. Translated by J. A. Michon, V. Pouthas and C. Greenbaum. *In*: MICHON, J. A. (ed.). *Guyau and the idea of time*. Amsterdam: North-Holland Publishing Company, 1988. p. 37-148.

Alguns pontos devem ser considerados nesta declaração: a) o tempo é mensurado por meio do espaço; b) não é o tempo em si, mas concepções/ representações do tempo dependem do espaço; c) tempo é concebido em termos de eventos (que ocorrem no espaço); d) o passado é concebido como para trás de nós, para trás do momento presente, enquanto o futuro está na frente.

Como se sabe, as pesquisas de Piaget (1946) evidenciaram que as crianças misturam fenômenos espaciais e temporais. Elas confundem conceitos espaciais e temporais, especialmente nos casos em que ambos estão envolvidos, como no movimento de encher de recipientes com líquidos, ou em tarefas que envolvam movimento. Muitas vezes, as conclusões de Piaget, embora questionada a validade científica de suas pesquisas, são vistas como prova do entrelaçamento conceitual de espaço e tempo. E, dada a intrincada relação entre espaço e tempo, a visão que emerge da relação entre os conceitos temporais e espaciais tem sido tratada como uma metáfora. Argumenta-se que, pelo fato de concebermos o tempo em termos de espaço, estendemos nossa concreta experiência espacial metaforicamente para a concepção abstrata do tempo.

No campo da Linguística, um influente defensor dessa visão é Clark (1973). Ele afirma que a linguagem temporal é baseada metaforicamente na linguagem espacial, e que muitas preposições temporais relacionais em inglês, como *antes*, *depois*, à *frente*, *para trás* etc., são historicamente derivados de frente e de trás[66]. Tais afirmações se baseiam no pressuposto de que o 'agora' das expressões temporais originalmente tinha significados espaciais[67]. No entanto, esta justificativa, segundo Tenbrink,

> [...] não pode ser validada à luz do estado atual do conhecimento, embora muitas similaridades cruciais entre expressões espaciais e temporais tenham sido apontadas em pesquisa inter-linguística (por exemplo, Svorou 1994[68]). (Tenbrink, 2007, p. 14).

Embora a suposição difundida, de maneira geral, seja a da existência de uma profunda identidade entre os termos espaciais e temporais — se não de forma sincrônica, pelo menos diacronicamente —,

---

[66] Clark não fornece nenhuma motivação para essa afirmação. Tyler e Evans (2003, p. 57) mostram que *before* (antes) é derivado de *be* (ser) + velho inglês 'fore', que significa "localizado na frente de".

[67] Segundo Houaiss (2009), 'agora' tem origem no latim '*hac hora*' (esta hora). Nesse caso, a palavra, pelo menos no português, é de natureza temporal.

[68] Referência a: SVOROU, Svetlana. *The grammar of space*. Amsterdam: John Benjamin Publishing Company, 1994.

"sincronicamente uma correlação exata entre os termos espaciais e temporais é raro, se não desconhecido" (Traugott, 1978[69], p. 373 *apud* Tenbrink, 2007, p. 14).

Haspelmath (1997) também abordou esta questão comparando-se um considerável grupo de línguas do mundo. Sua intenção explícita foi "reunir evidências, provas da linguística comparada para a hipótese de que as noções temporais são conceituadas em termos de noções espaciais" (Haspelmath, 1997, p. 4). Seu trabalho básico foi identificar similaridades linguísticas superficiais entre os termos espaciais e temporais, para determinar se um dos domínios é etimologicamente anterior, ou seja, se termos temporais são historicamente derivados dos espaciais, e identificar padrões e regularidades que apontam para uma dependência conceitual de fenômenos temporais sobre espaciais. Ele argumenta que, embora não seja possível comprovar a existência de uma dependência com base em dados linguísticos somente, é muito provável que essa relação exista, já que há uma tendência geral de expressões temporais serem baseadas nas espaciais. No entanto, conforme o autor, em nenhuma língua parece haver uma identidade exata entre os termos espaciais e temporais, quer sincronicamente, quer diacronicamente. Isso, então, não invalida a observação de Traugott supracitada.

É também razoável que, como já alegou Clark (1973), o eixo espacial frontal seja um bom candidato para um mapeamento das relações temporais, por meio do uso de expressões linguísticas semelhantes. No entanto, a dependência (etimológica) de termos temporais sobre termos espaciais, baseada em evidências linguísticas, não parece ainda ter sido provada. Segundo Tenbrink, o que Haspelmath afirma serem provas diacrônicas

> [...] equivale, principalmente, à constatação de que, em alguns casos, a identidade dos termos espaciais e dos temporais ocorre na linguagem atual, enquanto em outros casos, ela é rastreável no uso anterior, mas hoje existem expressões distintas para cada domínio.[70] (Tenbrink, 2007, p. 15).

[69] TRAUGOTT, Elizabeth C. On the expression of spatio-temporal relations in language. *In*: GREENBERG, J. H. (ed.). *Universals of human language*. Redwood City: Stanford University Press, 1978. v. 3, p. 369-400.

[70] "[...] mostly amounts to the observation that, in some cases, the identity of spatial and temporal terms occurs in the present language, while in other cases, it is traceable in previous usage but today there are separate expressions for each domain".

Assim, enquanto a pesquisa de Haspelmath ressalta o fato de que existem muitas semelhanças entre os conceitos espaciais e temporais em todos os idiomas do mundo, sugerindo que certamente deve haver algum tipo de relação conceitual, a análise das similaridades como dependências ou até mesmo metáforas permanece uma questão de interpretação.

A tendência geral (Clark, 1973; Gibbs, 1994; Gruber, 1965; Jackendoff, 1983; Lakoff; Johnson, 1980; Langacker, 1986 e 1987; Talmy, 1988), no entanto, tem sido argumentar-se que, no exercício da linguagem, a qual de alguma forma traduz e/ou 'representa' processamentos cognitivos de percepção/categorização, as estratégias linguísticas normalmente usadas pelos falantes para falar sobre a duração revelam importantes ligações entre o domínio abstrato do tempo e o domínio relativamente concreto do espaço. Entretanto, essa noção de espaço/concreto e tempo/abstrato também não se sustenta universalmente.

Entendemos que, assim como as 'representações' mentais de tempo, algumas das nossas 'representações' espaciais podem ser bastante abstratas. Eis duas evidências, a título de exemplificação: nossa concepção de abrangência da Via Láctea (100 mil anos-luz)[71] é tão fundamentada na experiência direta de mundo quanto a concepção que temos de sua idade (entre 13 e 13,8 bilhões de anos)[72]: uma concepção é tão abstrata quanto a outra.

Destarte, é possível dizer também que '**espaço é tão abstrato quanto tempo**'. O que parece concreto no espaço são sempre os objetos nele colocados, até porque os próprios objetos parecem servir de espaço, para se colocarem outras coisas, e assumem dimensões mensuráveis pela instrumentação à disposição do homem. Mas o espaço ocupado pelo objeto em si é 'preenchido' (quando objeto físico) com os arranjos moleculares deste: dá para se colocar um livro sobre a mesa, mas, mesmo que esta lhe seja um suporte, ela ocupa um espaço, e o livro, outro, ainda que sejam espaços contíguos. Fosse a mesa infinitamente maior, teria seu lugar no espaço e continuaria a servir de suporte ao livro e sua respectiva espacialidade.

Assim, dada a condição de o espaço ser onipresente, bem como o tempo, já que não dá para pensar nada fora do tempo ou do espaço (ressalva que é comum a expressão "isso está fora do tempo", que, nesse caso, é fora do 'tempo-datação', em que a presença do referente foi, ou é,

[71] Disponível em: http://pt.wikipedia.org/wiki/Gal%C3%A1xia. Acesso em: 27 nov. 2011.

[72] Disponível em: http://pt.wikipedia.org/wiki/Via_L%C3%A1ctea. Acesso em: 27 nov. 2011.

considerada desejável), também temos razão para entender que tempo e espaço sejam absolutos e unificados, até porque, de forma complexa, não somos capazes de conceber espaço fora do tempo nem tempo fora do espaço. Como percebo, o Tempo garante o movimento universal, e o Espaço é condição universal de localização da existência. Tempo e Espaço são universais e se permitem como fractais em todos os 'tempos' e 'espaços' (com 't' e 'e' minúsculos).

Defendemos, então, que, embora os experimentos relativos aos domínios de espaço e tempo tenham garantido um repertório particularmente útil, pela perspectiva da teoria da 'Metáfora Conceitual', de que trataremos a seguir, para hipóteses sobre a evolução e estrutura de conceitos abstratos, o tempo (entenda-se: o que se percebe e se explica a respeito do processamento cognitivo de tempo, aqui chamado de temporalização) é apenas um dos muitos domínios abstratos de conhecimento que dependem, em parte, de representações percepto-motoras construídas por meio de experiência com o mundo físico. Além das noções astronômicas do próprio espaço, mostradas anteriormente, vejamos estes exemplos autoexplicativos, paralelamente construídos com expressões indicativas de espaço, ou, caso queiram, representativas da cognição espacial.

4. *Um homem* ***alto****/um preço* ***alto***
5. ***Grande*** *casa/****grande*** *debate*
6. *Manter o muro* ***em pé****/manter a proposta* ***de pé***

Note-se que os objetos descritos em termos espaciais nas expressões consideradas 'literais' (fatos materiais), relacionadas, na tradição gramatical, a substantivos considerados 'concretos' (homem, casa, muro), pertencem a uma categoria ontológica diferente da categoria das entidades 'abstratas' (fatos institucionais), nas expressões paralelas, ditas 'metafóricas', nas quais as mesmas predicações (alto, grande, em pé/de pé) são cognitivamente processadas, sem perda da significação. Da mesma forma, os exemplos de espacialização apresentados à página 26 deste texto ("*Fulano esteve perto da vitória*", "*Chegarei ao sucesso rapidamente*", "*Estava no meio da conversa quando Beltrano chegou*", "*Ele está por fora dos acontecimentos*") também nos mostram que expressões espaciais não são exclusivamente cooptadas para o processamento de abstrações temporais. Nesses exemplos, 'vitória', 'sucesso', 'conversa', 'acontecimentos' são fatos institucionais categorizados como entidades espaciais abstratas.

Vimos em seções anteriores (3.2 e 3.3) o entendimento segundo o qual domínios abstratos surgiram de circuitos cerebrais projetados para raciocinar sobre o mundo físico. E esta ideia também é adotada para a explicação de padrões linguísticos. Linguistas (Jackendoff, 1983; Lakoff; Johnson, 1980; Langacker, 1986 e 1987; Talmy, 1988) têm observado que, quando as pessoas falam sobre os estados, ideias e/ou outras abstrações, elas o fazem cooptando uma organização linguística, um conjunto de expressões relacionadas ao mundo físico. Isto é, a exemplo do que se mostrou anteriormente, palavras emprestadas de domínios físicos (espaço, força e movimento) dão origem a metáforas linguísticas para inúmeras ideias abstratas. Tem-se argumentado, então, que pessoas criam domínios abstratos, importando estruturas linguístico-cognitivas a partir de conceitos baseados na experiência física. Atribui-se (Casasanto, 2010) a Gruber (1965) a articulação desta ideia, com a Hipótese das Relações Temáticas (TRH), assim comentada por Jackendoff:

> Nós podemos restringir as possíveis hipóteses sobre tais conceitos [os da descoberta linguística de Gruber], adaptando, na medida do possível, a álgebra motivada independentemente de conceitos espaciais para nossos propósitos novos. A alegação psicológica por trás desta metodologia é que a mente não fabrica conceitos abstratos fora do ar, **ela adapta mecanismo que já está** lá, tanto no desenvolvimento do organismo individual **quanto no desenvolvimento evolutivo das espécies**[73]. (Jackendoff, 1983, p. 188-189, grifo e tradução nossos).

Diante da observação de que as pessoas falam sobre domínios abstratos em termos de domínios relativamente concretos, o desafio tem sido responder a 'de que maneira isso realmente acontece'. Nesse afã, encontra-se a "Teoria da Metáfora Conceitual", proposta pelo linguista George Lakoff e o filósofo Mark Johnson (1980, 1999). Segundo eles, as 'metáforas conceituais' estão entre as principais descobertas da Ciência Cognitiva. Tal descoberta incita a se construir uma seção específica para tratar deste assunto.

[73] Tradução livre de "We can constrain the possible hypotheses about such concepts by adapting, insofar as possible, the independently motivated algebra of spatial concepts to our new purposes. The psychological claim behind this methodology is that the mind does not manufacture abstract concepts out of thin air...it adapts machinery that is already there, both in the development of the individual organism and in the evolutionary development of the species".

### 3.4.1.1 A primazia da cognição espacial

A ideia de que metáforas convencionadas em linguagem revelam a estrutura de conceitos mentais, de operações cognitivas, é frequentemente associada com a "Teoria da Metáfora Conceitual". Até então, a alegação dos autores supracitados de que as pessoas 'pensam' metaforicamente foi apoiada, quase inteiramente, por provas de que 'falamos' metaforicamente. Eles, Lakoff e Johnson (2002), propõem que, de forma subjacente às expressões linguísticas ditas metafóricas, haja estruturas cognitivas construtoras de tais metáforas: as chamadas 'metáforas conceituais'. Acreditam, assim, que "nossas expressões linguísticas são governadas por generalizações: as metáforas conceituais ou conceitos metafóricos" (Lakoff; Johnson, 2002, p. 17).

Nessa perspectiva, percepção, categorização ou 'representação' do mundo se vincula a operações cognitivas da metáfora, já que grande parte de conceitos básicos, como tempo, espaço, quantidade, estado, e de conceitos emocionais, como amor, felicidade, é compreendida metaforicamente. Isso atribui um importante papel à metáfora na compreensão dos fatos do mundo ao longo da vida: a metáfora é parte do nosso cotidiano, seja na linguagem, seja nas ações, no pensamento, já que o nosso sistema cognitivo-conceitual é, na perspectiva dos autores, predominantemente metafórico. Preconiza-se, assim, que "uma metáfora conceitual é uma maneira convencional de conceitualizar um domínio de experiência em termos de outro, normalmente de modo inconsciente" (Lakoff, 2002, p. 4). Isto é, o pensamento metafórico é organizado por meio de associações convencionais (Lakoff; Johnson, 1980), em que conceitos não metafóricos de um 'domínio-fonte', que é a base para as inferências, dão condição à construção de 'metáforas conceituais' em um domínio-alvo, que é o espaço de aplicação das inferências.

O exemplo clássico dos autores é "O AMOR É UMA VIAGEM", em que a metáfora conceitual se dá graças ao mapeamento entre um domínio-fonte (VIAGEM) e um domínio-alvo (AMOR). Dá-se a entender que, nessa forma de entender a cognição/significação de termos abstratos, para se compreender 'o que é o amor', é necessário acessar uma compreensão do que seja uma viagem. Isso deve pressupor a existência de um conhecimento já sistematizado sobre o domínio-fonte 'VIAGEM', no qual o falante/ouvinte se apoia, para compreender, por inferência, o domínio-alvo 'AMOR'. Em síntese, 'VIAGEM' conceitua 'AMOR'. Sinteticamente, pode-se dizer que Lakoff buscou a existência de um princípio-base responsável por reger a maneira de, linguisticamente, o frame 'VIAGEM' caracterizar o frame 'AMOR'. Tal investigação se relaciona à existência, ou não, de uma estrutura cognitiva que governe como as referências relacionadas à VIAGEM são utilizadas para raciocinarmos sobre AMOR.

Para o autor, existe esse princípio mental geral, que não faz parte nem do léxico, nem da gramática, mas do sistema conceitual sobre o qual a linguagem se fundamenta. A organização de tal princípio está relacionada com a organização do corpo: nós nos movemos, normalmente, e interagimos com objetos e pessoas. E, valendo-nos dessa experiência corporal, aplicamos inconscientemente conceitos que, de certa forma, são impostos por meio de nossos sistemas perceptuais e conceituais. Tem-se, assim, a ideia de mente corporificada que projeta abstrações 'apropriando-se' de mapas mentais, ou frames, construídos da relação corpo/mundo. Frames, nesse contexto, apontam para abstrações formadas por padrões recorrentes em nossa experiência, modelos cognitivos idealizados, os quais garantem o funcionamento da nossa memória e estruturam toda a nossa cognição (Langacker, 2008).

No entanto, até onde alcanço, a presença de expressões metafóricas na linguagem não prova, necessariamente, a existência de uma universal metáfora conceitual subjacente que é responsável por todas as representações de um domínio, isto é, é arriscado dizer que 'tempo' (ou a concepção humana de) é uma metáfora de 'espaço'. É verdade que metáforas são bastante frequentes na linguagem, e elas são muitas vezes consistentes, mas isso não implica que os conceitos que são representados em uma linguagem metafórica não possam também ser representados de forma independente. Ainda que as metáforas, no geral, sejam usadas para destacar similaridades, elas não abrangem todo o conceito-alvo, nem a sua utilização implica que todos os aspectos do conceito de fonte/origem podem ser traduzidos para o conceito de destino.

À luz dos trabalhos de Radden (1997[74] *apud* Tenbrink, 2007), por exemplo, a conceituação de tempo como espaço, conforme evidenciado por expressões metafóricas, assume diferentes formas e variantes, entre as línguas, bem como dentro de um único idioma. Ele aponta que existem outras metáforas por meio das quais conceitos temporais podem ser

[74] RADDEN, Gunter. Time is space. *In*: SMIEJA, Birgit; TASCH, Meike (ed.). *Human contact through language and Linguistics*. Frankfurt; Main: Peter Lang, 1997. p. 147-166.

expressos, tal como a de tempo em um eixo vertical, na cultura chinesa; a de tempo como um objeto ("ter um tempo duro"); ou de tempo personificado ("o tempo dirá"); etc. Tem-se, assim, uma evidência de que, longe do ser objeto de uma transferência consistente de um único domínio espacial para o temporal [a partir do eixo frente-trás, nos moldes de Clark (1973)], os conceitos de tempo e de espaço sofrem semelhante complexidade dos processos metafóricos.

Ainda que seja controversa, se aplicarmos ao tema aqui desenvolvido a acepção da primazia cognitiva das relações espaciais sobre as temporais, podemos dizer que é concebível o fato de um mesmo sistema neural ser 'destinado' a conceber o movimento corporal (espacial, físico) e ter um papel central na concepção de conceitos relacionados a domínios 'mais abstratos', como é o tempo. E desconhecer isso, em nome de certo relativismo, acrescenta pouco. Tal hipótese encontra algum respaldo, sobretudo, na 'versão atualizada' da metáfora conceitual, a "Teoria Neural da Metáfora", que, de certa forma, advém do aprimoramento dos estudos de Lakoff, em que o autor modificou a concepção quanto ao funcionamento da mente/linguagem e, em decorrência disso, quanto à teoria da metáfora. Segundo o próprio Lakoff (2008), os delineamentos básicos dos estudos anteriormente apresentados sobre a metáfora ainda permanecem válidos, todavia, com o desenvolvimento da ciência cerebral e da computação neural, houve um refinamento da sua concepção quanto ao processamento da metáfora.

Desse refinamento, surge a "Teoria Neural da Metáfora" (TNM). Tal teoria assume que o circuito neural é moldado pela experiência, tal como se postulou com as 'metáforas conceituais'. Em função da ligação central entre corpo e mente, propõe-se a chamada 'Semântica da Simulação', segundo a qual os significados são concebidos como simulações mentais feitas da produção de significados de conceitos físicos, isto é, a ativação dos neurônios construtores de abstrações conceituais depende da imaginação, percepção ou desempenho de uma ação. Em outras palavras, quando uma pessoa promove uma imaginação, ou relembra certas performances de movimento, há uma ativação de grande parte dos neurônios que entram em atividades quando realmente se desempenham tais movimentos. Em tal concepção, que também assegura a existência de uma mente corporificada, postula-se que o significado de 'conceitos concretos' é diretamente corporificado, e, no uso da linguagem, ativamos áreas motoras e/ou perceptuais correspondentes.

Essa nova visão do significado linguístico já está anunciada no trabalho de Johnson (1987). Ele propõe que a cognição humana começa com nossa experiência corpórea, pré e não linguística, com o meio, desde a tenra idade, quando se formam os esquemas imagéticos. Segundo este autor, parte desses esquemas são abstrações fundamentadas na percepção (especialmente a visão, que é o sentido mais proeminente em nós) de nosso corpo no espaço (por exemplo: da experiência de estarmos de pé, podemos construir modelos de espacialização em que somos um centro a partir do qual estabelecemos uma periferia; da experiência de entrarmos em uma sala, podemos estabelecer relações imagéticas do mundo como contêineres, já que a sala pode ser processada como recipiente); outra parte emerge da maneira pela qual categorizamos os objetos, como nosso sistema cognitivo 'reflete' a realidade do/no mundo, já que nossa percepção de mundo resulta em/de estruturas de conhecimento organizadas na forma de domínios cognitivo-culturais.

Para o autor, tais experiências se organizam em *Gestalts*, como totalidades organizadas e articuladas entre si. Unidades tais quais 'parte-todo', 'centro-periferia', 'contêineres', 'trajetos' são exemplos de esquemas imagéticos sinestésicos básicos, relacionados pelo autor. E tais esquemas configuram expectativas a respeito dos objetos, das ações humanas, dos eventos etc., favorecendo-nos o processo de compreensão e construção do conhecimento.

A transformação da Teoria Conceitual (TCM) para a Teoria Neural da Metáfora (TNM) está no seguinte aspecto: na primeira, postulava-se a hipótese de que o processamento do domínio-fonte no cérebro se dava antes do mapeamento do domínio-alvo; na TNM, entende-se que tal processamento se dá em paralelo: acredita-se que, diante de uma expressão metafórica, o ouvinte ativa tanto i) o circuito neural do domínio-fonte, por meio dos significados literais das palavras, quanto ii) o circuito neural do domínio-alvo, mediante o contexto de uso da língua. Tais circuitos constroem um mapeamento singular, integrado, responsável pela produção de sentido. De acordo com esse entendimento, as representações linguísticas baseadas em metáforas conceituais não se distanciam do processamento não-metafórico fundamentados em frames comuns (Lakoff, 2008). Tem-se, aqui, uma aproximação com a noção de '*Blending*' (Fauconnier; Turner, 2003) e uma pergunta: há, neste postulado, pistas para se entender o processamento do tempo em termos de processamento do espaço?

Não parece haver nesse postulado comprovação suficiente para dizer como é que um falante constrói uma metáfora como "TEMPO É ESPAÇO", se tomarmos como dado análogo apenas a expressão linguística "O AMOR É UMA VIAGEM", que parece ter sido criada para exemplificar uma assertiva teórica. É razoável admitirmos que uma pessoa, ao construir uma metáfora, deve partir de algum ponto referencial (ou alguns pontos) para fazer as integrações que são factíveis em termos metafóricos, comparativos, conceitualmente similares, mas é inegável que haja a necessidade de descartar outros pontos não tão agrupáveis assim. Quem viu o AMOR tal qual VIAGEM deve ter visto nesta algo que fosse interessante mapear sobre o amor, da mesma forma que é possível perceber certa similaridade conceitual em alguns aspectos do tempo e do espaço, mas, comprovadamente (veja seção 4.3), não existe uma simetria entre os dois domínios ponto a ponto, para se admitir que um e outro funcionem paralelamente.

Outro ponto que merece ser pensado é a construção de um paralelismo metafórico (conceitual ou neural) do ponto de vista de quem processa uma metáfora já estabelecida em um postulado teórico. Isto é, ao ler O AMOR É UMA VIAGEM, é possível que, antes de chegar a VIAGEM, já tenhamos processado muita coisa sobre AMOR. Ou, para processar AMOR, é necessário, **antes,** processar VIAGEM? Se, em vez de afirmar O AMOR É UMA VIAGEM, fosse dado o tópico 'AMOR' com a cópula 'É' a um falante da língua, provavelmente este processaria 'AMOR' em termos cognitivos. Como isso seria possível, se a fonte 'VIAGEM' lhe fora omitida?

Verificamos isso, com uma pesquisa, numa ferramenta de busca na internet, feita com a precisa expressão "O AMOR É", que resultou em, aproximadamente, 7.120.000 enunciados, entre os quais muitos não organizam cópulas do tipo 'O AMOR É UMA VIAGEM'.

Nesse caso, foi possível listar algumas expressões em que o lugar do predicativo foi preenchido por nomes cuja significação se distancia da palavra 'viagem'. Assim, está evidente que não é obrigatoriamente necessário processar sinapses neurais ou estruturas cognitivas conceituais de VIAGEM para entender ou significar AMOR. Compartilho a seguir alguns resultados dessa busca, para analisarmos as expressões linguísticas que apareceram (todos acessados em 22.02.2012):

7. *Se **<u>o amor é fantasia</u>**, eu me encontro ultimamente em pleno carnaval*[75].

[75] Disponível em: http://pensador.uol.com.br. Acesso em: 22 fev. 2012.

8. *"Imagino por que **o amor é** tantas vezes igualado à **alegria** quando, de fato, ele é todo o resto também: **desgosto**, **bálsamo**, **obsessão**, **satisfação**, [...]." Florida Scott-Maxwell*[76].
9. *"**O amor é uma batalha**, o amor é **uma guerra**; o amor é **crescimento contínuo**." James Baldwin*[77].
10. *Na verdade **o amor é uma coisa inesplicavél*** (sic) *néh?*[78]
11. ***O Amor é uma Falácia***[79].
12. ***O amor é uma droga***.[80]
13. ***O amor é Deus***[81].

Considerando que todas as frases *supra* são legítimas expressões da língua, é preciso reconhecer que, se há um 'domínio-fonte' para o 'domínio-alvo' AMOR, aquele não se restringe a VIAGEM. Os dados falam por si. Nos exemplos, os sintagmas FANTASIA, ALEGRIA, DESGOSTO, BÁLSAMO, OBSESSÃO, SATISFAÇÃO, BATALHA, GUERRA, COISA INEXPLICÁVEL, FALÁCIA, DROGA e DEUS, todos preenchem o lugar de 'domínio-fonte'. Então, haverá um deles que seja condição *sine qua non* para se processar AMOR? Eis uma questão não resolvida com a TCM ou com TNM. É verdade que o processamento paralelo da TNM nos elimina as dificuldades de processamento conceitual em escalas de muitos milésimos de segundo, mas seria meramente por essa razão que os autores adotaram a hipótese do processamento paralelo? Fica a dúvida.

Então, apesar do avanço tecnológico e da consequente agudeza da instrumentação de categorização disponível, é preciso admitir que é limitado o alcance da nossa acuidade, no tocante à análise do processamento cognitivo do tempo e do espaço e à 'descrição' exata do que caracteriza o 'flash sináptico' gerador das manifestações sintático-semânticas de/em tais domínios, já que as análises se valem, quase exclusivamente, do material linguístico e/ou imagético (no caso de uso da linguagem não verbal) que decorre de e/ou motiva tal processamento. Não se quer dizer, com isso, que a TNM não ofereça uma boa forma de melhor compreendermos

[76] Disponível em: www.casadobruxo.com.br. Acesso em: 22 fev. 2012.
[77] Disponível em: www.amar-ela.com. Acesso em: 22 fev. 2012.
[78] Disponível em: br.answers.yahoo.com. Acesso em: 22 fev. 2012.
[79] Disponível em: www.cfh.ufsc.br. Acesso em: 22 fev. 2012.
[80] Disponível em: http://capinaremos.com. Acesso em: 22 fev. 2012.
[81] Disponível em: http://intervox.nce.ufrj.br. Acesso em: 22 fev. 2012.

a relação pensamento/linguagem, mas o próprio Lakoff, ao afirmar que analistas da metáfora não conhecem computação neural, admite que o quadro de notação a partir do qual se explica a metáfora é uma invenção:

> Analistas da metáfora raramente conhecem computação neural e não devem expectar isso. O projeto da Teoria Neural da Linguagem tem descoberto uma maneira de deixar linguistas serem linguistas e não cientistas de computadores ou do cérebro. Nós inventamos uma notação que se correlaciona com circuitos com as propriedades computacionais adequadas, mas pode ser usada por analistas sem que haja preocupação com os detalhes computacionais[82]. (Lakoff, 2008, p. 36, tradução nossa).

Também, isso não significa que este seja um objeto intratável. Discursivamente, se assim o fosse, nem objeto seria. Juntas, essas experiências demonstram que as metáforas que usamos fornecem alguma janela, ainda que minimamente aberta, para a estrutur(ação) das nossas abstrações cognitivas. É evidente que a expressão linguística indicia projeções cognitivas do pensamento, todavia, dada a diferença entre a natureza da fala expressa e a 'estrutura' mental do pensamento motivador da expressão, os achados de Lakoff e Johnson ainda não parecem responder a duas importantes indagações:

a. O que é e como realmente acontece o processamento mental capaz de 'converter' pensamentos em palavras?
b. Como funciona, em termos de projeções cognitivas, o uso de estruturas mentais do domínio das coisas físicas, para o domínio das coisas não físicas, abstratas?

E, embora decorram de postulados dos autores supracitados, ainda não é possível afirmar convictamente que uma teoria da metáfora responda a estas questões. A questão b), por exemplo, pode ser objeto de uma teoria da mente, nesse caso, mais abrangente que o estudo de processamentos metafóricos apenas. Assim, tais questões, mesmo que entrevistas nos estudos da metáfora, configuram-se como desafio para os estudos da cognição humana.

[82] Tradução livre de "Metaphor analysts rarely know neural computation, and they shouldn't be expected to. The Neural Theory of Language Project has figured out a way to let linguists be linguists and not computer or brain scientists. We have invented a notation that correlates with circuitry with the appropriate computational properties but can be used by analysts without worrying about the computational details".

Apesar do expressivo corpo de teoria linguística e dos dados que Lakoff e Johnson sistematizaram e analisaram e de modelos [*blending*: Fauconnier Turner (2003), por exemplo] que corroboram as explicações a respeito do funcionamento ou integração conceitual de significados metafóricos de palavras, ainda não se estabeleceu, nos moldes metodológicos das ciências naturais, um conjunto de evidências que sustenham a premissa de que a metáfora se estende além da linguagem. No modelo doutrinário cartesiano, não se tem, até então, uma constatação de que isso (a metáfora se estende além da linguagem) seja uma verdade que não suscita dúvida alguma, pela clareza e distinção com que se apresenta ao espírito. Nesse caso, na ausência de evidências não linguísticas para representações mentais metaforicamente estruturadas, a ideia de que o pensamento abstrato é uma exaptação[83] de domínios físicos é, nas palavras de Pinker (1997), 'apenas uma confissão de fé'.

> Estou de acordo com Gould[84] de que o cérebro tem sido exaptado para novidades como cálculo ou xadrez, **mas isso é apenas uma confissão de fé** por pessoas como nós que acreditam na seleção natural; o que dificilmente pode não ser verdadeiro. Isso levanta a questão de quem ou o que está fazendo a elaboração e cooptação, e por que as estruturas originais foram adaptadas para serem cooptadas[85]. (Pinker, 1997, p. 301, grifo e tradução nossos).

Ao que parece, entre os que acreditam que o funcionamento da mente, nos termos da teoria darwiniana, deve ser explicado como um objeto da ciência natural, o que realmente acontece nesse particular da cognição humana permanece um mistério a ser entendido.

### 3.4.1.2 A não primazia da cognição espacial

Uma abordagem diferente para as relações semânticas entre termos semelhantes em domínios diversos foi desenvolvida por Tyler e Evans (2003). Segundo esses autores tal abordagem é, em parte, baseada em ideias anteriores: Grady (1997), Langacker (1987, 1991) e Talmy (1983), por

83 Na acepção da palavra apresentada na seção 3.3, à página 78.

84 Referência a Stephen Jay Gould (1941-2002), paleontólogo e biólogo evolucionista norte-americano, a quem se atribui a introdução do termo 'exaptação' aplicado à Teoria da Seleção Natural.

85 Tradução livre de "I agree with Gould that the brain has been exapted for novelties like calculus or chess, but this is just an avowal of faith by people like us who believe in natural selection; it can hardly fail to be true. It raises the question of who or what is doing the elaborating and co-opting, and why the original structures were suited to being co-opted".

exemplo. Eles, Tyler e Evans (2003), asseveram que, embora entendam que todos os outros sentidos sejam derivados de um original, sobretudo do sentido espacial, a construção de sentido é 'experiencial', e não metafórica, como se alega nas abordagens anteriores. Entendem que experimentar correlações regulares e motivadas de eventos e cenas do mundo real motiva e garante a integração de tais regularidades na linguagem. Desta forma, "para cima" (*up*) tornou-se associado com "mais" (*more*), pois é uma experiência regular, nos cenários espaciais, que maiores quantidades chegam "mais acima" (*higher up*), por exemplo, quando se coloca um líquido em uma garrafa (note-se que a ação experiencial é colocar o líquido; se fosse retirar, "mais" estaria relacionado com "mais abaixo"). Preconizam que, em função de um reforço pragmático advindo da experienciação, pode acontecer que certos conceitos, originariamente associados com outros conceitos no uso de uma preposição determinada, venham a ser expressos por aquela preposição, mesmo sem a presença do conceito original. Assim, em "os preços subiram" (*The prices have gone up*), não há mais o sentido **espacial** da direção vertical.

Mesmo diante dessa evidência de que o argumento pragmático neutraliza certas comparações e/ou metáforas, é possível indagar se as estruturas de significação são, de fato, descartadas. No referido exemplo, ao menos no português, não parece que o espaço vertical esteja absolutamente obliterado, supresso. Expressões como '*os preços aumentaram*' ou '*as coisas estão mais caras*', embora com alguma equivalência semântica com '*os preços subiram*', servem para marcar um contraste espacial/vertical que está explícito nesta e que se vela naquelas. Como 'subir' aponta uma direcionalidade exclusivamente 'para cima', e aumentar não o faz obrigatoriamente, o mais provável é que, se submetêssemos sujeitos a desenhar graficamente essas proposições, haveriam de representar a primeira por uma linha ascendente; e as outras, talvez.

Note-se, ainda, que todas essas proposições citadas estão relacionadas a uma quantificação numérica, a valores, e uma escala numérica pode, algumas vezes, não se relacionar à ideia de espaço. Por exemplo, em expressões como '*aumentou o frio*' e '*aumentou o calor*', mesmo que o analista 'espacialize' a escala numérica no termômetro, o leigo, que não conheça os instrumentos de medição de temperatura, há de construir sentido para as frases e, até mesmo, sentir mais frio ou calor, sem relacionar o 'aumentar' a uma ideia de ampliação espacial. Nesse caso, em vez de quantificado, o referente é intensificado, o que muda a configuração perceptiva. Mas esta não foi a perspectiva do trabalho de Tyler e Evans (2003), já citado.

A abordagem dos autores a respeito do sentido experiencial se baseia no princípio da polissemia para uma série de preposições espaciais. Conquanto estejam aparentemente 'associados' com a tradição da Linguística Cognitiva, eles propõem um certo distanciamento metodológico a fim de se diferenciarem da tradicional concepção das relações metafóricas subjacentes e promoverem uma investigação mais aprofundada que possam explicar as relações cognitivas de significado de preposições espaciais. No entanto, ainda se percebe na exposição dos autores uma primazia do domínio espacial subjacente, já que as outras experiências expressas por preposições são, para eles, derivadas, sobremaneira da experiência espacial.

Mesmo que pareça contraditório, a razão de citar este trabalho nesta seção é menos pelo primado do domínio espacial e mais pelo fato de tratarem a produção de sentido centrada no 'experiencial' humano, e não nas relações de aproximação metafórica a partir da combinação de significados de domínio-base com as de domínio-alvo. Posto que estejam muito próximas as concepções, este trabalho parece conduzir à ideia de que o sistema cognitivo se utiliza dos mesmos princípios de significação nos diversos domínios, diferentemente de entender que haja alguns mecanismos responsáveis pela construção de sentido espacial a partir dos quais se metaforizam outros para a produção de sentido do domínio temporal. Não obstante seja maior o número de preposições relativas à ideia de espaço, o que pode dar a entender que tais preposições sejam, inicialmente, do domínio espacial, é possível também entender que o ser humano, que é, obviamente, espacial e temporal, tem um sistema de preposições que alternativamente sejam ora usadas no domínio do tempo, ora no do espaço, ou para quaisquer outros domínios. E, em alguns aspectos em que os domínios se assemelham, o sistema linguístico pode recorrer a uma só preposição (ou um conjunto delas) para expressar experiências de quaisquer desses domínios.

A ideia de uma estrutura abstrata subjacente, e não necessariamente espacial, que serve como base para uma variedade de domínios conceituais também pode ser encontrada em Habel e Eschenbach (1997 *apud* Tenbrink, 2007)[86]. Sua abordagem oferece uma explicação a respeito do porquê de

[86] HABEL, Christopher; CAROLA Eschenbach. Abstract structures in spatial cognition. *In*: FREKSA, C.; JANTZEN, M.; VALK, R. (ed.). *Foundations of computer science – potential – theory – cognition*. Berlin: Springer, 1997. p. 369-378.

alguns termos serem aplicáveis apenas a um domínio, o espacial ou o temporal, por exemplo, mesmo que este domínio reflita uma estrutura que é similar às estruturas em outros domínios:

> Como explicação alternativa na abordagem das estruturas espaciais abstratas, propomos que diferentes domínios exibem estruturas comuns [...]. Assim, as expressões linguísticas que são aplicáveis em diversos domínios especificam restrições relativas à estrutura dos domínios em que são aplicáveis sem referência explícita a esses domínios. Assim, seu significado é abstrato, no seguinte sentido: o significado não tem que ser baseado em propriedades específicas dos domínios individuais, mas em propriedades mais gerais o que pode ser comum a vários domínios. Embora espaço e tempo sejam independentes dimensões cognitivas, eles têm alguns princípios de ordenação em comum. (Habel; Eschenbach, 1997, p. 374f[87] *apud* Tenbrink, 2007, p. 17, tradução nossa).

Um aspecto importante dessa abordagem é o fato de que ela prevê o tempo como uma dimensão independente, claramente diferenciada do espaço, embora haja alguns princípios comuns entre os dois domínios. Tenbrink (2007) ainda cita um trecho em que Habel e Eschenbach apontam diferenças fundamentais entre tempo e espaço:

> A diferença cognitivamente mais relevante entre espaço e tempo é a direção (cognitiva) inerente do tempo. [...] Linhas contínuas no espaço são neutras em relação à direção. [...] Em suma, os domínios do espaço e do tempo têm ordenado a geometria como uma estrutura comum, mas são fundamentalmente diferentes em relação à inerência das direções. As restrições para a utilização de preposições como 'entre', 'antes', 'na frente', 'atrás' e 'depois de' refletem as semelhanças e diferenças estruturais dos domínios. O uso comum do "entre" no domínio espacial, bem como no domínio temporal pode ser explicado pela assunção do "entre" para codificar uma relação de ordenação genérica, não-dirigida (cf. Habel, 1990). Em contraste com isso, o

[87] Tradução livre de "As alternative explanation in the approach of abstract spatial structures we propose that different domains exhibit common structures (...). Accordingly, linguistic expressions that are applicable in diverse domains specify restrictions regarding the structure of domains in which they are applicable without explicit reference to these domains. Thus, their meaning is abstract in the following sense: meaning has not to be based on specific properties of individual domains but on more general properties which can be common for several domains. Although space and time are independent cognitive dimensions they have some ordering principles in common."

> sistema de preposições direcionais não permite uma transferência canônica do domínio espacial para o temporal: "em frente de – atrás" do caso espacial opõe o temporal "antes – depois". Essa diferença pode estar relacionada ao fato de o domínio em questão ter um sentido/direção inerentemente distinto.[88] (Habel; Eschenbach, 1997, p. 376 *apud* Tenbrink 2007, p. 17, tradução nossa).

Nesta perspectiva, o espaço não é visto como um domínio concreto de origem a partir do qual os conceitos mais abstratos do tempo sejam consistentemente derivados. Em vez disso, espaço e tempo compartilham uma série de estruturas representacionais, que são sistematicamente refletidas na linguagem. Mas os dois domínios também são suficientemente diferentes para permitir-se uma representação conceitual independente para cada um deles.

Dada a importância dessa percepção ao nosso trabalho, tais questões merecem ser um pouco mais trabalhadas. Isso será feito mais especificamente na seção 4.3; coloquemos, no entanto, neste momento, alguns pontos para reflexão: a) o que é essa direção cognitiva inerente ao tempo de que falam os autores? E por que o espaço não teria direção? Tanto tempo quanto espaço, em termos de direção, não seriam determinados pela posição do corpo (o que vejo na minha frente é o futuro, é o espaço que não domino; o que vejo atrás de mim é o passado, é o espaço que já trilhei)? Vale verificar se o sistema linguístico-cognitivo evidencia algum tipo de organização espaçotemporal a partir desse princípio de corporificação 'antes-entre-depois' ou 'atrás-entre-à frente'.

O que importa aqui é a evidência de que, ainda que sejam poucos os trabalhos que buscam as diferenças entre os domínios do espaço e do tempo, há pesquisadores segundo os quais as semelhanças entre os conceitos espaciais e temporais podem ser explicadas por uma relação metafórica subjacente só até certo grau. Nessa perspectiva, admite-se que

---

[88] Tradução livre de "The cognitively most relevant difference between space and time is the inherent direction of (cognitive) time. [...] Straight lines in space are neutral with respect to direction. [...] To sum up, the domains of space and time have ordered geometry as a common structure, but they are fundamentally different with respect to the inherence of direction. The constraints for using prepositions as between, before, in front of, behind and after reflect the structural communities and differences of the domains. The common use of between in the spatial as well as in the temporal domain can be explained by assuming between to code a general, non-directed ordering relation (cf. Ha-bel 1990). In contrast to this, the system of directional prepositions does not allow a canonical transfer from the spatial to the temporal domain: in front of – behind of the spatial case opposes temporal before – after. This difference can be related to whether the domain in question has an inherently distinguished direction".

organizações metafóricas possam fazer parte de relações entre domínios cognitivos, conforme se nota no uso de uma série de expressões linguísticas em que tais domínios sejam comumente 'representados', incluindo-se tempo e espaço, mas também se busca estabelecer os limites para esse fenômeno metafórico. Por exemplo, um evento que acontece 'depois' de outro só pode estar no futuro deste, 'à frente' no tempo (como datação); diferentemente, uma pessoa que está 'depois' de outra numa fila de espera deve, naturalmente, estar 'atrás' desta. Isso impede dizer, em termos de realizações (percepção, categorização) subjacentes, que seja inquestionável a metáfora "tempo é espaço", ou, da mesma forma, que a construção cognitiva do tempo seja cooptada, exclusivamente, do espaço ou lhe seja plenamente semelhante.

Finalmente, entende-se a importância da abordagem metafórica do espaço/tempo. Mas destacam-se aspectos importantes da relação entre tais domínios, de certa forma negligenciados pela metáfora 'tempo é espaço'. Por exemplo, a) o fato de que noções de abstração não sejam uma exclusividade da cognição temporal, já que, linguisticamente, constroem-se diversas metáforas relacionadas a espaço, até mesmo com sentido temporal, conforme exemplo à página 118: "*Maria mora a cinco minutos de Joana*". Ou em frases como "*a estrela 'X' está a 5.000.000 de anos-luz daqui*". Ou, ainda, b) o fato de que, no 'tempo' e no 'espaço', é igualmente concebível considerar os domínios abstratos enquanto independentes de entidades que os preencham, como objetos e eventos, ou vê-los enquanto constituídos por objetos e eventos (Freksa, 1997 *apud* Tenbrink, 2007).

O que se construiu até aqui, dessa forma, intenciona, sobretudo, mostrar que, assim como há questões e pontos comuns (proximidade/continuidade, dimensionalidade, movimento) suficientemente relacionados para explicar as muitas similaridades entre expressões linguísticas usadas em representações espaciais e/ou temporais, há também diferenças (direcionalidade, forma de percepção) que se refletem na linguagem e, provavelmente, em algum grau, em outros modos de representação. Assim, é necessário levar em conta as diferenças conceituais existentes na literatura em decorrência das diferentes percepções que se tem de ambos os domínios, seja na relação com a linguagem, seja na com outros modos de representação. Isso sem a clássica tendência de impor uma primazia a um dos dois domínios, a fim de aplicar-lhes uma semelhança generalizada.

### 3.4.2 Tempo-espaço e interface linguagem/cognição

Inobstante as considerações de estudos a respeito da não primazia do espaço em relação ao tempo, pode-se dizer que, de maneira geral, os seguidores da noção de 'Metáfora Conceitual' e/ou 'Neural' tratam padrões em linguagem como uma fonte de 'evidência' de que as pessoas pensam o tempo metaforicamente, ainda que o termo "metáfora conceitual" ora seja usado para se referir a padrões de linguagem, ora para se referir a hipotéticas estruturas conceituais não linguísticas subjacentes a esses padrões de linguagem (Casasanto, 2010).

Tencionando dirimir a ambiguidade no uso do referido termo, Casasanto (2008, 2009, 2010) opta pelo uso de 'metáforas linguísticas' para referir-se a padrões de linguagem e de 'metáforas mentais' para a hipótese de estruturas metafóricas não linguísticas na mente. Mas apresenta a seguinte pergunta: "será que as pessoas usam metáforas mentais que correspondem às metáforas linguísticas, a fim de conceituar domínios abstratos, mesmo quando não estão usando a linguagem?" (Casasanto, 2010, p. 458). Isso leva a outras perguntas: existe pensamento cognitivamente processado fora dos padrões de linguagem? Se sim, pensamos diferentemente quando estamos usando a linguagem e quando não? Os padrões de linguagem refletem — ou estruturam — o pensamento não linguístico, ou são os padrões cognitivos, de 'pensamentos' não linguísticos, que estruturam os padrões de linguagem?

Slobin argumenta que, quando as pessoas estão pensando para falar/ouvir, ler/escrever, os seus pensamentos são estruturados, em parte, de acordo com sua língua e suas peculiaridades. Ele acredita que

> [...] qualquer enunciado é uma esquematização seletiva de um conceito - uma esquematização que é, de certa forma, dependente dos significados gramaticalizados da língua específica do falante, recrutados para efeitos de expressão verbal[89]. (Slobin, 1996, p. 75-76, tradução nossa).

Se há tal dependência, presume-se também que falantes de línguas diferentes podem pensar de maneira diferente no uso da língua/linguagem, já que usam estruturas/padrões diversos. Nesse caso, a forma humana de

[89] "[...] any utterance is a selective schematization of a concept – a schematization that is in some ways dependent on the grammaticized meanings of the speaker's particular language, recruited for the purposes of verbal expression".

pensar/expressar o tempo-espaço seria diferente em grupos linguísticos cuja gramaticalização fosse comparativamente diferente? E quando as pessoas não estão pensando para falar/ouvir, ler/escrever?

Clark afirma o seguinte:

> O ponto é este: se as pessoas pensam para falar, elas devem ter representado essas distinções gramaticais que são obrigatórias para a língua que elas estão usando. Se, em vez disso, elas estão pensando para compreender o que alguém disse e computar todas as implicaturas para chegar a uma interpretação — versus pensando para lembrar, para categorizar, ou uma das muitas outras tarefas em que instamos as representações que nós podemos ter de objetos e eventos — então as suas representações podem bem incluir uma grande quantidade de material não habitualmente codificado na sua língua. Parece plausível supor que tais representações conceituais estão mais perto de ser universais do que as representações que desenhamos para falar[90]. (Clark, 2003, p. 21, tradução nossa).

Como se vê, para Clark, além de existirem duas formas de estruturar o pensamento, ambas suportam o processamento de metáforas e, mais ainda, as metáforas mentais são mais universais que as linguísticas. Em outro trecho, o autor fala da hipótese de se pesquisar a relação linguagem-pensamento e diz acreditar na diferença de resultados entre os testes de pensamento em que se usa a linguagem em relação aos testes em que não se usa.

> Em segundo lugar, devemos verificar/encontrar que, em tarefas que requerem referência a representações na memória sem o uso de qualquer expressão linguística, pessoas que falam línguas muito diferentes irão responder de formas semelhantes, ou mesmo idênticas. Ou seja, representações para fins não-linguísticos podem diferir muito pouco entre culturas ou idiomas. Naturalmente, encontrar as tarefas apropriadas para verificar isso sem qualquer recurso à linguagem pode demonstrar-se difícil. O ponto é que, se podemos fazer

[90] "The point is this: If people think for speaking, they must have represented those grammatical distinctions that are obligatory for the language they are using. If instead, they are thinking for understanding what someone said and computing all the implicatures in arriving at an interpretation—versus thinking for remembering, thinking for categorizing, or one of the many other tasks in which we call on the representations we may have of objects and events—then their representations may well include a lot of material not customarily encoded in their language. It seems plausible to assume that such conceptual representations are nearer to being universal than the representations we draw on for speaking".

> uso de representações diferentes dependendo se estamos usando nosso idioma ou não, o fato de ser um falante de um idioma específico (ou idiomas) não pode ser mencionado para limitar ou restringir como representamos o mundo à nossa volta. Ele [o idioma] só irá moldar o que somos obrigados a incluir quando falamos.[91] (Clark, 2003, p. 22, tradução nossa).

É importante destacar três pontos nas palavras de Clark. 1) A verificação sugerida no primeiro período é uma hipótese que, até onde conheço, ainda não foi realmente testada e confirmada. 2) É preciso notar que as perspectivas para uma teoria da mente são pensadas com frequência em termos daquilo que os sujeitos expressam em seus enunciados. Todavia, nenhum enunciado comporta todos os aspectos da atividade mental de um falante: há um conjunto desses aspectos que escapa ao registro linguístico. Por isso, teorizar atividades mentais com dados observáveis no plano do enunciado pode levar a uma descrição muito aquém dos acontecimentos no plano da mente. Buscando dirimir tal dificuldade, tem-se recorrido à enunciação, para recuperar alguns dos aspectos que integram a atividade de fala dos usuários de uma língua.

Ainda assim, dada a complexidade funcional do sistema cognitivo e da sua interface com outros sistemas, inclusive o linguístico, nenhuma teoria isolada parece dar conta de descrever a totalidade das atividades mentais no processamento vital, de maneira geral, e/ou no processamento linguístico cuja realização supõe a categorização de tempo e de espaço. 3) O próprio Clark afirma ser difícil a realização de tarefas que deem conta de analisar pensamentos sem nenhum recurso à linguagem. Mesmo assim, é razoável dizer que o idioma configura a forma de pensamento, sobretudo quando este está 'representado' na expressão linguística.

Glasersfeld (1996) bem explica isso. Ele afirma ter crescido sem uma língua natal única determinada: teve duas línguas natais, que logo foram três. Essa situação lhe deu a condição de entender que a forma de ver o mundo é relativa à língua que se fala. Por isso, diz que — supondo que uma pessoa tenha como 'línguas natais' o italiano, o inglês e o alemão — mais cedo ou mais tarde ela

[91] "Second, we should find that in tasks that require reference to representations in memory that don't make use of any linguistic expression, people who speak very different languages will respond in similar, or even identical, ways. That is, representations for nonlinguistic purposes may differ very little across cultures or languages. Of course, finding the appropriate tasks to check on this without any appeal to language may prove difficult. The point is that if we make use of different representations depending on whether we are using our language or not, the fact of being a speaker of a particular language (or languages) cannot be said to limit or restrict how we represent the world around us. It will only shape what we are obliged to include when we talk".

> [...] se dá conta de que quando fala o italiano parece ver o mundo de forma distinta do que quando fala o inglês ou alemão. Advirto que não se trata simplesmente de uma questão de gramática ou de vocabulário, mas de uma maneira de contemplar o mundo, e isso inevitavelmente lhe apresenta uma pergunta: qual destas maneiras será a correta? Bem, como até então viveu sem dificuldades entre gente que via o mundo de modo diferente entre si, se dá conta de que essa pergunta é boba, já que é óbvio que, para o falante de uma língua qualquer, sua maneira de ver o mundo é a "correta". Depois de um tempo, chega-se à conclusão de que cada grupo pode estar certo no que diz respeito ao próprio grupo, e de que não existe "certeza" além dos grupos. (Glasersfeld, 1996, p. 76).

Eis, nestas palavras, uma fina ligação com a máxima piagetiana de que a cognição humana é uma atividade adaptativa. Isso também se assimila à concepção de *enação*, que implica passar do 'representacional' para o 'adaptativo', isto é, no tocante à nossa pauta de cognição/representação linguística do tempo-espaço, pode-se dizer que o linguístico não é uma representação, como uma edição fac-símile do cognitivo (bom salientar que a não representação fac-símile também se aplica à relação mundo/cognição, ou digamos, 'objeto mundano/objeto cognitivo), embora possa imprimir-lhe certo arcabouço de organização, certos padrões de funcionamento e, por isso mesmo, servir de evidência aos seguidores da noção de 'Metáfora Conceptual' — embora ainda seja preciso reconhecer que estamos mais no campo da hipótese do que no da certeza.

Papafragou, Massey e Gleitman também se pronunciaram a respeito da dificuldade de se estudar a interface linguagem-pensamento, aqui tomada como interface linguagem/cognição. Avaliam a possibilidade de a língua influenciar pensamentos em domínios de altos níveis de representações e processos cognitivos, por exemplo, a 'codificação' linguística do tempo. Segundo as autoras, as variações idiomáticas de representação desses processos têm sido interpretadas como simples reflexões de diferenças no pensamento subjacente, mas não há qualquer evidência sistemática de que características linguísticas realmente legislam/determinam o pensamento dos falantes, o que, para elas, não é surpresa. Asseveram que "uma séria dificuldade em investigar como língua interage com pensamento nesses níveis mais 'significativos' e 'abstratos' tem sido sua intratabilidade para avaliação" (Papafragou; Massey; Gleitman, 2002, p.

192), ou seja, a impossibilidade de flagrar, de mensurar padrões cognitivos de percepção, de categorização, de construção do pensamento, sem que isso se dê por meio de análise linguística. Elas admitem que, na maioria das vezes, o mais difícil é capturar a função cognitiva com as ferramentas de medição e categorização disponíveis aos psicólogos. Eis o excerto em que tratam desse assunto:

> Perhaps more promising as domains within which language might interestingly influence thought are higher-level cognitive representations and processes, for instance, the linguistic encoding of time, or of object and substance, where linguistic variation is apparent and has by some authors been interpreted as straightforward reflections of underlying differences in thought. Whorf[92] him*self* didn't provide any systematic evidence that these features really legislated the thought of their users, and this is no surprise. A severe difficulty in investigating how language interfaces thought at these more "significant" and "abstract" levels has been their intractability to assessment. As so often, the deeper and more culturally resonant the cognitive or social function, the harder it is to capture it with the measurement and categorization tools available to psychologists. (Papafragou; Massey; Gleitman, 2002, p. 192).

É importante observar que, obviamente, nem todos os teóricos concordam com o significado da linguagem metafórica para as teorias da representação mental. Gregory Murphy (1996, 1997) levantou preocupações quanto à imprecisão de processos psicológicos sugeridos por linguistas e às limitações de evidências puramente linguísticas enquanto instrumentos de explicação para estruturas cognitivas arroladas como "metáforas conceituais". Na perspectiva dele, metáforas linguísticas podem revelar semelhanças entre domínios mentais, mas não há garantia 'empírica' de relações causais entre o que se tem denominado 'metáfora conceitual <=> metáfora linguística, isto é, não há provas de que 'metáforas linguísticas' traduzam exatamente 'metáforas conceituais', embora se percebam semelhanças metafóricas na expressão linguística de domínios cognitivos

[92] As autoras citam os seguintes trabalhos desse autor: 1) WHORF, B. *The relation of habitual thought and behavior to language*, 1939 (Reprinted in Language, thought and reality: selected writings of Benjamin Lee Whorf, p. 134-159, by J. B. Carroll, ed., 1956, Cambridge, MA: MIT Press); 2) WHORF, B. *Language, mind, and reality*, 1941 (Reprinted in Language, thought and reality: selected writings of Benjamin Lee Whorf, p. 246-270, by J. B. Carroll (ed.), 1956, Cambridge, MA: MIT Press); 3) WHORF, B. *Language, thought and reality*: selected writings of Benjamin Lee Whorf. 1956, Cambridge, MA: MIT Press. (All page references to the 1995 edition).

diferentes (nesse sentido, por meio das línguas, as pessoas podem usar as mesmas palavras para falar sobre o espaço e o tempo, porque esses domínios mentais são estruturalmente semelhantes e, portanto, passíveis de uma codificação linguística comum). Ou, mais, na perspectiva do referido autor, não há provas de metáforas conceituais. E, na ausência de provas não linguísticas que corroborem o conceito de "semelhança estrutural" (*Structural Similarity*), tal proposta tem sido preferida por razões de simplicidade. Na visão dele, todos os conceitos são representados de forma independente, em seus próprios termos, enquanto o alternativo metafórico postula conceitos complexos que são estruturados de forma interdependente. Em síntese, Murphy (1996, 1997) considera evidente o fato de as pessoas falarem a respeito de 'domínios abstratos' em termos de 'domínios relativamente concretos' ('tempo' em termos de 'espaço', por exemplo), mas admite ser um problema ainda não resolvido de que maneira elas (as pessoas) realmente pensam sobre eles (os domínios).

Casasanto (2010) faz alusão ao pensamento de Murphy, mas reconhece o esforço de teóricos da cognição na tarefa de explicar as 'metáforas conceituais' por meio de evidências não linguísticas. Embora faça uso de exemplos linguístico-metafóricos, Casasanto faz referência ao trabalho de Boroditsky (2000)[93] como uma "evidência experimental para metáforas mentais", por meio de "testes comportamentais da realidade psicológica de metáforas mentais" (Casasanto, 2010, p. 458). Afirma-se que os testes de Boroditsky capitalizaram o fato de que, a fim de falar sobre sequências espaciais e temporais, falantes adotam um frame específico de referência, isto é, há evidências de que, às vezes, usamos expressões que sugerem que estamos nos movendo ao longo do espaço ou do tempo (por exemplo, "estamos nos aproximando da cidade 'X'", ou "estamos nos aproximando do Natal"[94]). Também podemos usar expressões que sugerem que objetos ou eventos estão se movendo com respeito uns aos outros ("o lugarejo 'X' vem antes da cidade 'Y'; "o Natal vem antes do ano novo"). Retomaremos este assunto na seção 4.3.3.

Se tempo e espaço podem ser expressos, adotando-se, linguisticamente, um *frame comum*, o que garante que apenas as expressões de tempo sejam cooptadas da cognição espacial, e não o contrário? Segundo

[93] BORODITSKY, L. Metaphoric structuring: understanding time through spatial metaphors. *Cognition*, v. 75, n. 1, p. 1-28, 2000.

[94] Note-se que é possível se aproximar do assunto, do valor pretendido, do objetivo idealizado, da qualidade tal etc.

Casasanto (2010), em um experimento, Boroditsky (2000) descobriu que o fato de participantes específicos adotarem um determinado 'frame' de referência espacial facilitou-lhes a interpretação de frases que usavam análoga estrutura de referência temporal, mas o inverso não foi encontrado: princípios ou primitivos (*'primes'*) temporais não facilitaram a interpretação de sentenças espaciais. Com tal 'descoberta', argumenta-se que, da assimetria de tais princípios cognitivos paralelos (espaço > tempo, em oposição a tempo > espaço), decorre a assimetria bem estabelecida nas metáforas linguísticas: as pessoas falam sobre o abstrato em termos do concreto mais do que o contrário [conforme, também, apontam Lakoff e Johnson (1980)].

Baseado nos resultados do estudo citado anteriormente, Boroditsky (2001, *apud* Casasanto, 2010, p. 458) propôs 'refinar', da Teoria da Metáfora Conceptual, a "visão metafórica estruturante" (*the Metaphoric Structuring View*), segundo a qual a) os domínios de espaço e tempo compartilham estrutura conceitual e b) a informação espacial é útil (embora não necessária) para pensar tempo. Assim, Casasanto se refere a uma segunda etapa de pesquisa, em que Boroditsky (2001)[95] compara o desempenho de falantes do inglês ao de falantes do mandarim/chinês. Segundo o referido autor, o inglês é uma língua que, normalmente, descreve o espaço-tempo como horizontal ("March comes ***earlier*** than April"); e o mandarim, como vertical ("March is ***above*** April"), quando colocados a pensar a respeito do tempo. A intenção era responder à seguinte pergunta: "Se as pessoas usam esquemas espaciais para pensar sobre o tempo, como sugerido por metáforas na linguagem, então as pessoas que utilizam diferentes metáforas espaçotemporal em suas línguas nativas pensam sobre o tempo de forma diferente?"

Resultado: apesar de todas as sentenças do teste terem sido apresentadas em inglês, atestou-se que falantes ingleses foram mais rápidos para julgar sentenças sobre a sucessão temporal, quando orientados com um evento espacial horizontal (*earlier*); e falantes do mandarim o fizeram mais rapidamente quando orientados com um estímulo espacial vertical (*above*). Diante disso, Boroditsky (2001) treinou falantes de inglês a que utilizassem metáforas verticais para a sucessão temporal (por exemplo, "March is ***above*** April"). Após o treinamento, o cômputo de seus orientandos se assemelhava ao dos falantes nativos de mandarim.

---

[95] Referência a BORODITSKY, L. Does language shape thought? Mandarin and English speakers' conceptions of time. *Cognitive Psychology*, v. 43, n. 1, p. 1-22, 2001.

Tais estudos, na perspectiva de Casasanto,

> [...] fornecem algumas das primeiras evidências de que (a) as pessoas não só falam sobre o tempo em termos de espaço, elas também pensam sobre ele dessa forma, (b) as pessoas que utilizam diferentes metáforas espaço-temporal também pensam sobre o tempo de maneira diferente, e (c) aprender novas metáforas espaciais podem mudar a maneira de representar mentalmente o tempo[96]. (Casasanto, 2010, p. 459, tradução nossa).

No entanto, o próprio Casasanto assevera que tais evidências estão sujeitas a uma interpretação que denota incredibilidade, já que os participantes dos trabalhos de Boroditsky fizeram julgamentos de expressões linguísticas a partir das quais eram convidados a emitir pareceres a respeito das relações de espaço/tempo na linguagem. Mas "será que as mesmas relações entre as representações mentais do espaço e do tempo poderiam ser encontradas se os participantes fossem testados em tarefas não-linguísticas?"[97], pergunta Casasanto (2010, p. 459, tradução nossa).

Este autor reporta que novas ferramentas experimentais foram desenvolvidas, a fim de a) avaliar a Teoria da Metáfora como um relato da estrutura e evolução de conceitos, abstrações cognitivas, e b) investigar as relações entre linguagem e representações mentais não linguísticas. Em três dos seus experimentos, dois primeiros usaram o domínio concreto do espaço e o domínio relativamente abstrato do tempo como um teste (mesa de teste) para a Teoria Metáfora, e o conjunto final estendia essas descobertas para além do domínio do tempo. Quatro aspectos foram considerados na análise: a) similaridade das representações mentais, com e sem o uso da língua; b) influência de padrões linguísticos a padrões de pensamentos não linguísticos; c) diferenças em padrões de pensamentos em línguas comparadas; d) variações semânticas nos padrões de pensamento em línguas comparadas.

Segundo ele, tais experimentos utilizaram tarefas psicofísicas com estímulos e respostas não linguísticos, a fim de distinguir duas posições teóricas, uma que postula uma relação superficial e a outra que postula

---

[96] Tradução livre de "[...] provide some of the first evidence that (a) people not only talk about time in terms of space, they also think about it that way, (b) people who use different spatiotemporal metaphors also think about time differently, and (c) learning new spatial metaphors can change the way you mentally represent time".

[97] Tradução livre de "Would the same relationships between mental representations of space and time be found if participants were tested on nonlinguistic tasks?"

relações profundas entre língua/linguagem e pensamento não linguístico. Em cada tarefa, os participantes observaram estímulos simples, não linguísticos, não simbólicos (*i.e.*, linhas ou pontos), na tela do computador, e estimaram a sua duração ou seu deslocamento espacial. Durações e deslocamentos foram examinados de forma a não haver correlação entre os componentes espaciais e temporais dos estímulos. O quadro a seguir (tradução livre do apresentado pelo autor) mostra, em síntese, os resultados:

Quadro 3 – Visão superficial x Visão profunda da relação Espaço-tempo linguístico x Não linguístico

| **Visão superficial (*The Shallow View*)** | **Visão profunda (*The Deep View*)** |
|---|---|
| (1) A língua/linguagem reflete a estrutura das representações mentais que os falantes formulam para o propósito de usar a língua. Estas representações são suscetíveis de ser consideravelmente diferentes, se não distintas, das representações que as pessoas usam quando estão pensando, percebendo e agindo sem o uso de linguagem. | (1) A língua/linguagem reflete a estrutura das representações mentais que os falantes formulam para o propósito de usar a língua. Estas representações são provavelmente similares, se não sobrepostas, às representações que as pessoas usam quando estão a pensando, percebendo e agindo sem o uso de linguagem. |
| (2) A língua/linguagem pode influenciar a estrutura das representações mentais, mas apenas (ou principalmente) durante o uso da língua. | (2) Padrões de pensamento estabelecidos durante o uso da língua/linguagem podem influenciar a estrutura das representações mentais que as pessoas formam, mesmo quando elas não estão usando a linguagem. |
| (3) Diferenças tipológicas da Linguística comparada (*Cross-linguistic*) são suscetíveis de produzir diferenças de comportamento 'superficial' em tarefas que envolvem linguagem ou alto nível de habilidades cognitivas (por exemplo, nomeação, categorização explícita). No entanto, tais diferenças de comportamento devem desaparecer quando os sujeitos são testados usando tarefas não-linguísticas que envolvem habilidades de baixo nível percepto-motoras. | (3) Algumas diferenças tipológicas da Linguística Comparada são suscetíveis de produzir 'profundas' diferenças de comportamento, observáveis não só durante as atividades que envolvem linguagem ou alto nível de habilidades cognitivas, mas também quando os sujeitos são testados usando tarefas não-linguísticas que envolvem baixo nível de habilidades percepto-motoras. |
| (4) Embora as semânticas das línguas sejam diferentes, subjacentes representações conceituais e perceptivas de falantes são, em sua maior parte, universais. | (4) Onde as semânticas das línguas diferem, subjacentes representações conceituais e perceptivas de falantes podem variar proporcionalmente, de modo que as comunidades linguísticas desenvolvam distintos repertórios conceituais. |

Fonte: Casasanto (2010, p. 461)

Como se vê, a organização das informações nesse quadro conduz a algumas conclusões, se considerarmos as relações profundas entre língua/linguagem e pensamento não linguístico, **na perspectiva de**

**Casasanto**, e as associarmos a percepção, categorização, expressão linguística do tempo-espaço: 1) o 'material' de expressão linguística do tempo-espaço reflete a estrutura das representações mentais formuladas pelos falantes no uso da língua. Tais representações são **provavelmente** similares às que usamos quando pensamos (percebemos categorizamos) o tempo-espaço, sem o uso de linguagem (é preciso salientar o uso de '**provavelmente**'). 2) Padrões de pensamento estabelecidos durante o uso da língua/linguagem **podem** influenciar a estrutura das representações mentais de tempo-espaço processadas, quando não estamos usando a língua/linguagem (da mesma forma, salienta-se o modalizador '**podem**'). 3) É **suscetível** haver diferenças de padrões linguístico-cognitivos em falantes de diferentes línguas no processamento de tempo-espaço (note-se que o autor trata de **suscetibilidade**). 4) As supostas diferenças semânticas de tempo-espaço **podem** traduzir diferentes representações conceituais e perceptivas subjacentes de falantes, de modo que os falantes de línguas diferentes desenvolvam distintos repertórios conceituais de espaço-tempo (também não se prescinde do modalizador '**podem**').

Se o que se diz está no campo da hipótese, curvamo-nos, ainda, diante da não flagrabilidade das chamadas metáforas mentais, conceituais, neurais. Todavia, a literatura, no geral, valida a máxima de que tempo pode ser expresso verbalmente em termos de espaço e, por hipótese, firma a crença de que também pode ser conceituado. É possível que seja. Não se nega, aqui, que falantes utilizem expressões espaciais para falarem do domínio temporal. Haspelmath também afirma que "concepção espacialista" é "aparentemente incontroversa nos dias de hoje" (Haspelmath, 1997, p. 20). No entanto, não se pode negar a possibilidade de se fazer o oposto: utilizar expressões temporais para se falar de categorias espaciais. Ainda que, comparativamente, o uso de expressões temporais para se falar de espaço seja bem menor que o uso de espaciais para se falar do tempo em frases como

14. "*Maria mora a cinco minutos de Joana*",

a distância residencial é categorizada em termos temporais. Isso indica que a relação entre tempo e espaço nas metáforas linguísticas não é unidirecional. E, considerando-se a visão *gestáltica* de tempo e de espaço, apresentadas na seção 3.2, bem como a construção de frames de referência, a seguir, tal relação não é simétrica.

Admitamos que o sistema cognitivo humano se vale de diferentes meios de expressar localização e movimento e de diferentes 'frames de referência', para localizar entidades no espaço e no tempo. Levinson (2004, p. 40) fala da existência de diferentes quadros (frames) de referência em todos os idiomas. Segundo ele, as línguas se valem de quadros de referência para localizar entidades no espaço, quais sejam: i) um quadro de referência "intrínseco", no qual coordenadas são determinadas pelas características inerentes ao objeto '*ground*' ('ele está na frente da casa': a casa tem uma orientação intrínseca definindo sua frente); ii) um "relativo" ou antropocêntrico quadro de referência, onde o sistema de coordenadas é baseado em um visualizador externo ou ponto de vista ('ele está à esquerda da casa': a esquerda da casa é definida relativamente à posição do falante); iii) um "absoluto" quadro de referência, usando orientações fixas como pontos cardeais ('ele está ao norte da casa'). Quando o ponto de vista é o falante, o quadro de referência relativo é também chamado "egocêntrico" ou "dêitico".

Inobstante que o funcionamento cognitivo ainda nos seja descrito de forma hipotética, podemos afirmar que, no domínio do discurso, a noção de tempo e de espaço não deve ser reduzida a propriedades cronológicas e/ou topológicas. Cadiot, Lebas e Visetti (2006) defendem uma visão holística da semântica e da experiência perceptiva que está em consonância com a fenomenologia e teoria da *Gestalt*. Nessa perspectiva, a linguagem pode refletir parte da experiência perceptual (parece prudente afirmar que o fluxo cognitivo de produção de sentido não é todo manifesto em expressões linguísticas) na qual o espaço (também o tempo) é constantemente (re)construído pela perspectiva de um sujeito ativo e dêitico. O campo dinâmico da experiência envolve não só a percepção espacial e temporal, mas também as dimensões relativas à ação (gestos, maneiras, atitudes) e à avaliação qualitativa (surpresa, antecipação, intencionalidade).

Estes aspectos "praxiológicos" e subjetivos estão presentes no valor semântico de expressões dimensionais e de movimento e são ativados em diferentes graus, como uma função da situação e do contexto discursivo, que supõe espaço e tempo comunicativos, necessariamente dêiticos. Então, sejam autônomos, sejam dependentes, isto é, tomados como realidades diferentes/independentes ou similares/dependentes, os valores espaciais e/ou temporais da língua são expressamente relevantes e necessários a qualquer análise linguística, já que são inerentes à nossa experiência discursiva.

Assim, a natureza do sistema espaçotemporal de uma língua deve refletir muito mais da língua do que simplesmente a sua capacidade de descrição espacial e temporal, e possíveis conclusões sobre o funcionamento cognitivo do sistema espaçotemporal podem ter ramificações em todo o sistema conceitual da linguagem, ainda que seja no campo da hipótese. Em outras palavras, entendemos que uma análise de como os conceitos de espaço e tempo estão 'representados' no uso da linguagem deve revelar como nos construímos no mundo do discurso e, ao mesmo tempo, refletir como tempo e espaço se definem, se delineiam cognitivamente nesta construção. É o que faremos na próxima seção.

### 3.5 Representação linguístico-cognitiva do tempo-espaço

Em termos gerais, do exposto até aqui, é possível presumir três distintas e (inter)relacionadas formas de se conceber a 'representação' linguístico-cognitiva da relação espaço/tempo. Cada uma delas entremostra um padrão peculiar de processamento: em primeiro lugar, espaço e tempo são mutuamente inextricáveis, inseparáveis em nossas mentes, já que expansão e duração mutuamente se abrangem e se compreendem: na concepção de movimento, há espaço presente em todas as partes da duração, e há duração em cada parte da expansão. Isso implica dizer que, se as representações espaciais e temporais são simetricamente dependentes, toda forma de pensar/dizer o espaço deve ser simetricamente aproveitável para pensar/dizer o tempo (Locke 1689/1995[98] *apud* Casasanto, 2010). Expressões como 'antes', 'depois', 'adiante' atendem a esta expectativa, por servirem tanto para expressar tempo como para espaço.

Em segundo lugar, alternativamente, a cognição de espaço e a de tempo podem ser concebidas como independentes (Murphy, 1996, 1997). Nesse caso, as formas de expressão dos dois domínios não apresentam semelhanças conceituais ('cedo', 'tarde' só remetem a tempo; 'direita', 'esquerda' só remetem a espaço). Cada um dos domínios se constrói independentemente do outro. Qualquer identidade conceitual aparente poderia ser atribuída a semelhanças estruturais entre dois domínios essencialmente independentes, que contam igualmente com as mesmas estruturas cognitivas na 'geração' de expressões linguísticas representativas.

[98] LOCKE, John. *An essay concerning human understanding*. Amherst: Promethius Books, 1995. Originalmente publicada em 1689.

Em terceiro lugar, o processamento cognitivo de tempo e o de espaço podem ser assimetricamente dependentes (posso falar do tempo em termos de espaço e vice-versa; mas nem todas as expressões relativas a um são necessariamente aproveitáveis ao outro). Assim, representações em um domínio podem se valer de representações no outro, como sugerido pela relação assimétrica em metáforas linguísticas. Essa terceira concepção se aproxima mais das ideias de Boroditsky (2000), Lakoff e Johnson (1980, 1999) etc. E, por estabelecer um 'meio-termo' conceitual, parece mais viável ao que propomos nesta pesquisa.

Considerando que a linguagem reflete, em parte, a experiência perceptual, na qual o espaço e o tempo são constantemente (re)construídos pela perspectiva de um sujeito necessariamente dêitico, nesta seção trataremos, numa perspectiva discursiva, da expressão linguística de categorias espaçotemporais. Entendemos que elas oferecem pistas para desvendarmos/entendermos operações cognitivas de percepção e categorização de tais domínios, já que eles, por estarem organicamente ligados ao exercício da fala, podem se definir e se organizar como função do discurso. Assim como os sujeitos enunciadores, tais categorias se fundamentam a partir de "um centro ao mesmo tempo gerador e axial" (Benveniste, 1989, p. 74) e dêitico: o aqui-agora, o presente enunciativo. Se é central, este ponto é axial em relação a outros pontos historicamente dêiticos, cuja fundamentação também se fez (ou se faz) axial, formando-se, assim, uma rede discursiva, que é recursivamente acionada/integrada a cada ato linguístico-cognitivo.

A partir dessa consideração, estabeleceremos um quadro mínimo de análise de categorias de tempo e espaço fundamentadas no processamento dêitico. Entendemos que o processamento de tempo/espaço evidente nas interações linguísticas é constituinte de tais interações e mantenedor da atividade cognitiva humana, na qual se institui a identidade, o self, a subjetividade. Este espaço/tempo dêitico, constitutivo do '*Ground*' e das 'predicações *grounding*' (Brisard, 2002), da cena enunciativa e da enunciação (Benveniste, 1989), em que o falante é considerado um ponto de referência, garante a experiência linguística, o acontecimento discursivo. Dessa forma, a dêixis se torna eixo nesta pesquisa, já que, por meio do processamento dêitico, é possível saber "como os sistemas linguísticos são usados para construir a referência espaço-temporal no nível do discurso".

### 3.5.1 Dêixis[99], self e expressão do tempo-espaço

Para se fazer significar a questão do processamento dêitico na referenciação da relação enunciador/enunciatário, Nobre considera, inicialmente, a assertiva de que "a atividade linguística acontece a partir de um eu" (Nobre, 2004, p. 124) (o self por excelência), já que todo o processamento dêitico se implementa, necessariamente, em torno desse *eu* e da sua relação com o *outro*, na implementação do processamento discursivo. Para isso, considerou-se, sobretudo, o uso frequente, em textos científicos, de anáforas pronominais e/ou nominais e de procedimentos de referenciação dêitica intratextual, realizados por meio de formas pronominais (*este, esse, este/aquele* etc.) ou expressões nominais (*esse sistema, tal questão* etc.).

Como o objetivo da pesquisa em 2004 centrou-se, principalmente, na busca de índices de subjetividade, a dêixis de pessoa tornou-se foco das investigações. Nesse caso, considerou-se o pensamento de Benveniste (1985), segundo o qual os termos *eu* e *tu* são formas linguísticas que indicam pessoa e se distinguem de outras designações linguísticas, porque *não se remetem nem a um conceito nem a um indivíduo*. Nesse sentido, os dêiticos de pessoa: a) se referem a algo muito singular, que é exclusivamente linguístico e participa, apenas, do ato e discurso individual no qual são pronunciados, designando-se, respectivamente, o locutor e o alocutário e, por extensão, o enunciador e o enunciatário; b) são termos que só têm referência atual, em relação à instância de enunciação em que se instituem, remetendo-se à realidade do discurso em que se realizam; c) são termos dos quais dependem outras entidades linguísticas, articuladas por sujeitos interativos, e com as quais tais sujeitos especificam e/ou modalizam categorias envolvidas no processamento de textos: os pronomes demonstrativos, adjetivos, advérbios, que **organizam relações espaciais e temporais 'em torno' do próprio sujeito**.

Tem-se a dêixis, assim, como pertencente ao conjunto de propriedades discursivas que atuam na construção de enunciadores enunciatários. Como o enunciador e enunciatário são considerados seres linguísticos que constituem, caracterizam e evidenciam os sujeitos, uma das funções da dêixis é indiciar a presença do "sujeito" em textos/discursos que este produz. Note-se que, na concepção desenvolvida, o termo 'dêixis' está

[99] Como apenas o conceito de self foi anteriormente desenvolvido, o de dêixis será explicado ao longo desta seção.

principalmente relacionado a índices linguísticos de 'pessoa', 'tempo' e 'espaço', pela perspectiva interacionista; índices da relação enunciador/enunciatário nos enunciados:

> [...] cada enunciado instalado, no texto, no presente organiza-se, no discurso, em torno de um eu, de um aqui e de um agora: o autor/locutor, que se institui como enunciador, dirige-se ao leitor/interlocutor [...], e essa interação orienta o leitor a construir-se como alocutário, que por extensão institui-se enunciatário e, em um tempo (agora) e um espaço (aqui), constrói-se, conjuntamente, uma referência, por via de regra, firmada no "presente científico". (Nobre, 2004, p. 127).

Dito isso, buscaremos, então, ampliar este conceito de dêixis desenvolvido por Nobre (2004), aplicá-lo à noção de tempo-espaço aqui desenvolvida e evidenciá-lo em índices linguísticos e/ou imagéticos nas charges que analisaremos no capítulo 4, quando trataremos da "expressão linguística do tempo-espaço".

#### 3.5.1.1 A base epistêmica da dêixis linguística

Para instituir a noção de dêixis com a qual trabalharemos agora, apresento, inicialmente, alguns pontos de reflexão a partir do pensamento de Arsenijević (2008)[100] e reafirmo algumas crenças a respeito da origem do tempo-espaço dêitico expresso na 'materialidade' linguística. A intenção é estabelecer o fundamento primordial da dêixis e buscar associá-lo à atividade linguística, que é sociointerativa por excelência (Bakhtin, 2002), perfazendo um trajeto conceitual que se promove na direção "conceito  forma linguística". Recorreremos às assertivas e aos comentários a seguir, porque eles nos remetem à atividade humana de projeção cognitiva do espaço-tempo discursivo no domínio da linguagem natural, em oposição a projeções cognitivas de outros animais, os não humanos. Então, para princípio de conversa, consideremos que

a. A principal diferença entre língua/linguagem natural e computação espacial (esta, comum a todos os animais; aquela, aos humanos) é que, enquanto nesta última apenas um indivíduo integra novas informações na representação mental relevante,

[100] As assertivas a seguir são traduzidas livremente do texto mencionado anteriormente e comentadas.

na primeira a representação pode ser compartilhada e atualizada por grupos de indivíduos (muitas pessoas podem fazer referência a um só objeto linguístico);

b. Tais grupos desenvolvem sincronizadas representações contextuais, o que permitirá um funcionamento linguístico-cognitivo sincronizado do grupo em uma complexa rede de significações (assume-se que os entendimentos são sociocognitivamente construídos e requerem uma sociorrepresentação dos objetos discursivos, que são cultural e contextualmente estabelecidos);
c. Essencialmente, a representação do contexto de um interlocutor contém representações de outros interlocutores como objetos, *i.e.*, referentes. E a 'descrição' (categorização) destes referentes envolve representações das relevantes representações de contexto recursiva e sociocognitivamente construídas (cria-se, assim, uma rede dêitica local e histórica, isto é, discursiva de representações);
d. Em linguagem natural, referentes não se restringem de forma alguma, nem sequer precisam homólogos no mundo real: eles podem ser abstratos (objetos de discurso podem ser acordados, ainda que não façam parte da experiência pessoal de algum ou de vários interlocutores. A experienciação, nesse sentido, pode ser cognitivamente instituída no exercício da linguagem);
e. E as referências linguísticas são instituídas em um espaço abstrato, o discursivo, com a sua própria organização, que é apenas marginalmente influenciado pelas relações espaciais no mundo real (há, associada ao princípio de espacialização e temporalização, uma faculdade inerente aos seres de linguagem, que garante a instituição de espaços discursivos e a criação de objetos de discurso).

Todas as afirmações *supra* (a – d) convergem para a conceituação do espaço discursivo mencionado no item (e), que, na nossa concepção, perpassa o espaço-tempo dêitico fundamental sem o qual nenhuma atividade linguística se realiza. E, como tempo e espaço cognitivos são constitutivos desse 'espaço discursivo', eles são fundamentais e pressupostos na atividade linguística, mesmo que não sejam expressos. Mas o que fundamenta o espaço-tempo cognitivo? A resposta a essa pergunta pode nos levar à base epistemológica primordial da atividade linguística?

Em função dessa indagação, faremos, antes de tratar do fenômeno 'dêixis', uma pequena reflexão quanto à possível origem 'etérea' dos fenômenos aqui estudados.

Como já temos dito, o 'alcance' científico atual tem se alicerçado em princípios e categorias neurocognitivas para fundamentar o aspecto mental da atividade linguística. O que ultrapassa esse limite é legado à Antroposofia, que é considerada uma vertente filosófica que se ocupa da natureza espiritual do ser humano, ou ao pensamento religioso. Não nos cabe, aqui, portanto, promover estas veredas. Nem pretendemos. A intenção, mais que dizer que há conhecimento além das fronteiras acadêmicas a respeito da natureza do ser de linguagem, é plantar a possibilidade de que a origem primordial da atividade cognitiva seja espiritual. Não no sentido de ser desprovido de corporeidade, ou místico, sobrenatural etc., mas de transcender a própria cognição (considero que a cognição não tenha uma causa em si mesma) e, consequentemente, elevar-se além da natureza 'física' de reações (como tais, estas já são efeito de uma causa primeira) químicas e/ou elétricas flagráveis pelos instrumentos de mapeamento da atividade cerebral, a partir das quais se constroem teorias relacionadas às projeções cognitivas.

Se os pulsos cerebrais eletroquímicos, flagrados pelos aparatos tecnológicos, já resultam — são efeito — da atividade cognitiva, e se esta não tem uma causa em si mesma, qual a natureza da energia que sustém tal atividade e lhe é essencial, primordial? A resposta a esta pergunta, que atualmente tem promovido interfaces com áreas do conhecimento humano estabelecidas além das fronteiras acadêmico-laboratoriais (a Antroposofia, a Gnosiologia, por exemplo), aponta: a) para uma afirmação categórica — a causa primeira da cognição humana ainda não nos é flagrável pela instrumentação tecnológica —; e b) para uma hipótese — seja *spiritus*, seja *pneuma*, *sopro* ou outra denominação, a natureza desta energia é a constituição essencial do 'ser de linguagem' que buscamos conhecer, entender, explicar.

Entendo que, à ciência dos homens[101], ainda não é possível anatomizar, decompor os elementos e/ou estruturas da constituição primeira do 'ser de linguagem', este que é a energia fundamental movedora de todas as sinapses neurais; que projeta as próprias categorias de manifestação e é manifesto nelas; que corresponde ao *Dasein* heideggeriano apresentado

[101] Vide nota 49, à página 66.

nas seções 2.1 e 2.2. Não se nega que a cognição é necessária para a própria sobrevivência do organismo animado (*animus*), do ser vivo, como um sistema aberto[102] à energia ambiental e 'dotado' de circuitos eletroquímicos capazes de processá-la (sabe-se, por exemplo, que a luz percebida pelo organismo através das células fotorreceptoras é processada por circuitos elétricos no cérebro: o olho é considerado um sensor físico; o odor que entra pelas narinas tem um processamento de natureza química: o nariz é um sensor químico; etc.), mas, sem a alma[103] que a mantém, cessa-se a cognição, e a própria vida do organismo se esvai — pelo menos os do reino animal. Por isso, a afirmação de que, nessa acepção, o flagrante da cognição, em forma de pulso eletroquímico, já é uma manifestação da energia vital originada no/do ser do homem, que é, na sua essência, o próprio 'ser de linguagem'.

Esse pensamento pode diferir parcialmente das palavras de Chomsky, na afirmação de que

> Gostaria de discutir uma abordagem da mente que toma a linguagem e os fenômenos similares como elementos do mundo natural a serem estudados por meio de métodos ordinários de pesquisa empírica. Usarei os termos "mente" e "mental" aqui sem significação metafísica. Assim, entendo "mental" como estando no mesmo nível de "químico", "ótico" ou "elétrico". (Chomsky, 2002, p. 193),

sobretudo se se entende, nos dizeres *supra*, que a origem, o princípio primordial da língua/linguagem sejam manifestações químicas, sejam elétricas. No entanto, se se entende que tais dizeres apenas promovem uma analogia e limitam um campo de pesquisa, em razão do método científico-laboratorial, a nossa forma de pensar já se coloca na direção do pensamento chomskiano: procura-se o porto original da linguagem em campos além dos sinápticos. Digo isso porque é clássica, na academia, a noção chomskiana de princípios universais da linguagem, até hoje não inteiramente descritos por métodos acadêmicos.

Retomemos a noção de dêixis, considerando, doravante, que a base do fenômeno dêitico é o espaço vital, origem natural do tempo-espaço existencial. Tendo-se tal fenômeno como função da língua/linguagem, isto é, como um conjunto de princípios e/ou um agrupamento de conhecimen-

---

[102] Apenas para registrar: note-se, na expressão 'sistema aberto', a força teórica da teoria da complexidade, de cujos desdobramentos não trataremos neste estudo.

[103] Lat. *Anima, ae* = sopro, ar; princípio da vida; a alma.

tos necessários para se fundamentar toda atividade linguística, tanto as relações temporais quanto as espaciais são, necessariamente, pressupostas e identificáveis (explicitamente expressas ou não) no material linguístico e/ou no contexto de fala. A dêixis, nesse contexto, é o índice primordial de espaço, de tempo e de pessoa, que deve ser considerado na análise de qualquer expressão linguística realizada em atividades de discurso.

Considerando-se a ampliação conceitual necessária, a noção de dêixis, então, passa a alcançar/englobar três (ou quatro, dependendo da forma de se ver) dimensões diferentes e integradas. Integram-se, nesse caso, a) a dêixis linguística, apresentada anteriormente como o uso de elementos linguísticos indicativos de lugar (aqui, aí, lá), tempo (agora, amanhã, ontem) e participantes (eu, você, nós) de uma situação comunicativa, ou contexto linguístico; b) a enunciativa, estabelecida no ato de enunciação, que pressupõe, sintetiza, atualiza o conjunto de enunciações historicamente construídas pelos interlocutores e, em decorrência desta característica integradora, também reúne princípios de dêixis discursiva[104]; c) a epistêmica/fonte que nomearei, simplesmente, **DÊIXIS COGNITIVA**. Com este termo, designo a atividade cognitiva (um estado mental, portanto) de percepção, categorização de 'coordenadas' de tempo-espaço de (auto)identificação do self, norteadora de princípios classificatórios, processos que regulam a passagem das experiências perceptivas, contínuas, integradas e integradoras da unidade 'eu-aqui-agora' às 'representações' simbólicas e/ou linguísticas derivadas em/de tais experiências. Nessa acepção, a **DÊIXIS COGNITIVA** pode ser descrita como a origem do processamento cognitivo de uma cena enunciativa. Esta em que se categoriza um ponto espaçotemporal (aqui/agora), no qual se estabelece uma atividade linguística entre seres de linguagem: o lugar (têmporo-espacial) do real evento de fala; do *grounding* postulado por Brisard (2002).

[104] Nos moldes de Maingueneau (1997, p. 42), dêixis discursiva, também denominada 'dêixis fundadora', deve ser entendida como "a(s) situação(situações) de enunciação anterior(es) que a dêixis atual", a enunciativa, atualiza, "utiliza para a repetição e da qual (das quais) retira boa parte de sua legitimidade". Preferimos, todavia, não perfazer este viés interpretativo, porque nos pareceu impraticável, no presente trabalho, tratar do que Maingueneau denominou de "dêixis fundadora". Explico: considerando-se os exemplos de locução, cronografia e topografia fundadoras fornecidos pelo autor (considere-se que Maingueneau situou algumas questões no campo de suas preocupações com os discursos fundadores), parece inalcançável o primeiro cenário, historicamente original, a partir do qual todas as dêixis se formaram. Por isso, centraremos apenas na noção de 'dêixis discursiva' apresentada anteriormente, no intuito de retomar, em possíveis análises, situações de fala das quais outras decorram. Ressalvamos, ainda, que a dêixis enunciativa atualiza a discursiva. Como a noção de dêixis discursiva está integrada ao conceito de 'background' na concepção de Searle (2006), este conceito também será utilizado.

Esta proposta de 'alargamento teórico' é uma forma de garantir, a um só lance, a análise de aspectos cognitivos e linguísticos do tempo espaço, que se torna possível, se observarmos do funcionamento discursivo da dêixis. Assim, poderemos entrever a dinâmica de percepção, categorização e 'representação' do tempo-espaço, ao longo do tempo (leia-se temporalização): no presente enunciativo (o da dêixis enunciativa), expressões linguísticas são índices de produção e/ou de efeito de sentido(s) resultante(s) de um presente-passado (o da dêixis discursiva), que, no ato da fala, se (re)configura como passado-presente e pode produzir novos efeitos de sentido a se (re)configurarem em um presente-futuro. Até se pode dizer que é possível o processamento integrar o '*background*' (Searle), o '*ground*' e o '*grounding*', um conjunto de crenças e desejos continuamente (re)configurados na enunciação.

Nesse contexto, a dêixis enunciativa funciona como "dêixis modular" ou "dêixis modulante", pelo fato de garantir a modulação da cena enunciativa no exercício da fala/escrita. Nesse processo, modulam-se a) o tônus de voz, (b) as imagens que os interlocutores fazem de si mesmos e uns dos outros (incluem-se lugares que ocupam e estados emocionais), c) a escolha das palavras e da intensidade apropriadas, em função do lugar discursivo de cada interlocutor e do ambiente da interlocução, d) as impressões emocionais causadoras e resultantes de efeitos de palavras e/ou gestos etc.

'Anterior' e condição para a dêixis enunciativa é a "**dêixis cognitiva**", que é tácita, que é o princípio, a '*origo vitae*', a abertura ínfima integradora do self (o si), do tempo e do espaço. Teremos, assim, condição de avaliar da dinamicidade do tempo, sempre presente em todos os espaços discursivos, e do espaço, sempre presente em todos os tempos discursivos, já que o self está (ou talvez seja) nessa abertura mínima de tempo-espaço, que aqui está também sendo chamada de "dêixis cognitiva" ou "dêixis-fonte".

'Fonte'[105], por ser de onde 'brota' a enunciação, a dêixis enunciativa, que compreende a discursiva e é a base para a dêixis linguística. Esta noção, associada à de dêixis discursiva — em conformidade com o conceito estabelecido nesta seção —, permite-nos promover maior aproximação analítica do lugar (no tempo-espaço) em que são produzidos os sentidos e os efeitos de sentido de um discurso. Consideremos, para tanto, que esse lugar, o do discurso, constitui, no presente enunciativo,

[105] 'FONTE', aqui, não se aplica ao conceito relacionado a "domínio-fonte" x "domínio-alvo" das Teorias da metáfora desenvolvida por Lakoff e Johnson, nos termos da apresentação feita na seção 3.4.1.1.

uma rede cenográfica (um sistema de lugares e tempos, incluindo-se o da enunciação, o tempo-espaço dêitico atual) *ad infinitum* e *ad aeternum*: razão pela qual começamos este texto com a assertiva de que "o Tempo é. Sempre. Em todo o Espaço, sempre presente no Presente do Tempo".

É hora, então, de apresentar dois dizeres que expressam o grau de alcance do que quero edificar:

a. Há o Tempo (T) e o Espaço (E) universais: de direito, estas duas dimensões da realidade existem em "estado puro" (Bergson, 1934), em "estado absoluto e independente" (Newton, 1642-1727);
b. Há a abertura ínfima já retratada à página 24, *supra*, nas seguintes palavras:

> Em outras palavras, tanto a noção de tempo quanto a de espaço são 'abertas' e radicadas na noção de existência do 'ser do homem', na sua presença estritamente vinculada, integrada à própria existência (aqui, equivalente à abertura do 'Dasein') do tempo-espaço, já que só se percebe o 'ser do homem' no tempo-espaço em que ele se faz, em que ele é, em que ele se percebe homem. E este tempo-espaço é o aqui/agora axial, ínfimo, em que se realizam as percepções e os sentidos do homem, em que o homem se 'temporaliza', se 'espacializa'. Dada a ínfima e contínua abertura em que o 'ser do homem' se realiza, uma percepção ontológica de 'espaço' está categoricamente associada à espacialidade, assim como a de 'tempo', à 'temporalidade'. Ambas cognitivamente processadas.

Tal abertura, representada com 't' e 'e' minúsculos, única a cada ser e infinitamente múltipla a todos os seres e situações, é feito fractal de tempo-espaço, que, nesta seção, está suposto na latente condição de ser da **dêixis cognitiva**: fonte epistêmica de cuja realização no cognitivo humano dependem a dêixis enunciativa (inclui-se, nesta, a discursiva) e a linguística. Entendemos que a **d**êixis **cognitiva** é uma emergência estrutural e estruturante de estados mentais. É onde, de fato, se dá o acontecimento do tempo-espaço em porções e proporções variadas de temporalidade e espacialidade, agora caracterizadas como processos de temporalização e espacialização responsáveis pela dêixis enunciativa. É a abertura da vida; o lugar de passagem do tempo-espaço tácito, para o flagrante espaçotemporal na/da cognição, na/da experienciação, na/da enunciação humana. Como esta (a cognição) se encontra encarnada em um sistema vivo, a dêixis ganha o nível da enunciação, da linguagem (dêixis enunciativa), é associada a outras instâncias enunciativas (dêixis discursiva) e pode ser expressa na língua (dêixis linguística).

É importante dizer também que o 'percurso' conceitual aqui estabelecido entre o polo "**dêixis cognitiva**" e o "**dêixis linguística**" é mais uma questão metodológica que teórica, pois não parece haver um limite preciso, uma cisão ou uma série de intervalos significativos para que seja possível 'mensurar' uma etapa e outra da realidade dêitica. Nesse caso, é preferível reconhecer que o sistema em análise é tão integrado que toda manifestação, ainda que fractal, ainda que em microporção é, funcionalmente, sempre a manifestação da totalidade.

Todavia, para fins de análise, pode-se postular que, no nível da enunciação (dêixis enunciativa), instaura-se o aparelho formal da enunciação (Benveniste, 1989) e mobiliza-se a competência discursiva dos seres de linguagem. Este processo cognitivo inclui predicações gramaticais (*grounding*) que indicam a relação de entidades designadas à situação de fala (*ground*), incluindo-se a própria fala, os interlocutores, as respectivas esferas de conhecimento e a(s) categoria(s) tempo-espaço. Alcança-se, assim, o nível da dêixis linguística construtora de objetos de discurso, necessariamente situados, baseados (*grounded*) na dêixis enunciativa. Tem-se, assim, a passagem do tempo-espaço cognitivo (o da dêixis cognitiva) para o tempo-espaço "objeto de discurso". Este compreende tanto o tempo-espaço linguístico quanto o construído como objeto científico, filosófico, matemático etc.

Este processo, que, prototipicamente, estabelece as condições de comunicação e a construção social de 'objetos discursivos', ou 'referentes' (como dissemos anteriormente, um conjunto de referências pode concorrer para a constituição de um único objeto de discurso), cria modos de 'representações' no campo da linguagem que, a meu ver, não são uma exclusividade da cognição espacial. Já que todos os aspectos prototípicos do *grounding* (e, consequentemente, das '*predicações grounding*'), concorrem para estabelecer as condições de interação e de significação dos referentes a quem se destinam, já que a mente integra uma ecologia humana e promove uma economia (um conjunto de leis do sistema) integrada, dinâmica e minimalista, é **mais razoável admitir que haja um mapa neural mínimo, integrado, capaz de produzir referências espaçotemporais abstratas, irrestritamente, sem primazia de um ou outro aspecto, de um ou outro domínio**.

Assim, a base dêitica, aqui estabelecida como condição *sine qua non* (*vide* seção 3, página 64) à construção linguística de 'objetos de discursos', de referências discursivas, compara-se a uma realidade erguida sob um tripé (imagine-se uma banqueta sobre a qual se ergue um monumento), isto é, tempo/espaço/pessoa (a noção de identidade, de self, de sujeito apresentados neste texto pode ser entendida na mesma acepção de pessoa), diante da qual parece inapropriado perguntar 'qual pé é mais importante', já que a ausência de um deles cercearia a condição de existência da realidade em pauta. Eis, então, um postulado das possíveis variações do que chamamos de tempo-espaço, sempre uno e sempre diverso, sempre absoluto e sempre relativo. Isto posto, promoveremos uma pequena análise de 'corpus' linguístico.

4

# EXPRESSÃO LINGUÍSTICA DO TEMPO-ESPAÇO

Iniciemos este capítulo com uma nota. Como se viu, partimos da premissa de que tempo e espaço são realidades tácitas, e isso poderia causar certa insolubilidade às questões desta pesquisa, sobretudo porque o nosso objeto é linguístico, discursivo, não analisável, portanto, se não fosse 'traduzível', 'representável' em palavras e/ou outros recursos de linguagem. Isto é, sem a passagem do plano do direito (uma virtualidade ilimitada, um infinito de possibilidades) para o plano dos 'fatos' linguísticos (o da realidade atualizada em objetos de análise), não haveria análise de tempo-espaço. Esta, então, requer uma delimitação, que só é possível no nível dêitico do tempo-espaço, gradativamente apresentado como epistêmico/cognitivo > discursivo/enunciativo > linguístico.

Justifico, dessa forma, que, em função do próprio escopo da Linguística, as provas 'objetivas' do nosso objeto de estudo se limitam à dêixis linguística < enunciativa < discursiva. Reconheço o trabalho de pesquisas centradas no campo da aqui denominada 'dêixis cognitiva', mas, apesar do avanço tecnológico e da agudeza da instrumentação disponível, muito do que se afirma desse campo é hipotético. Claro que parte do que é dito tem potencial de verdadeiro. E, se estamos falando de um sistema perfeitamente cingido, as pistas linguísticas devem ser substancialmente reveladoras do sistema cognitivo. Contudo, volto a dizer que esta é uma hipótese. Então, vamos à análise.

## 4.1 Inscrição linguística do tempo-espaço cognitivo

Verifiquemos, então, o processamento linguístico-cognitivo do tempo-espaço em um dos parágrafos de uma notícia jornalística publicada em 29.01.2012, na *homepage* do IG, jornal eletrônico Último *Segundo*, seção 'Cultura', sob o título "Rita Lee é presa após o último show de sua carreira":

> No último show de sua carreira, a cantora Rita Lee foi presa por desacato. O fato aconteceu na madrugada deste domingo (dia 29) em Aracaju. Levada à delegacia, ela já foi liberada.
>
> [...]

Esta, a seguir, é a imagem da página eletrônica à época:

Figura 3 – Notícia sobre prisão de Rita Lee

# Rita Lee é presa após o último show de sua carreira

Cantora teria ofendido policiais durante a apresentacão e foi levada a uma delegacia

**iG São Paulo** | 29/01/2012 08:22 - **Atualizada às** 20:06

Recomendar 725

Texto:

Foto: Jorge Rosenberg/iG Ampliar

**A cantora Rita Lee**

No último show de sua carreira, a cantora Rita Lee foi presa por desacato. O fato aconteceu na madrugada deste domingo (dia 29) em Aracaju. Levada à delegacia, ela já foi liberada.

A apresentacão na capital de Sergipe marca o encerramento da carreira ao vivo de Rita Lee. **A cantora de 64 anos havia anunciado sua aposentadoria dos palcos** no último dia 21, no Rio de Janeiro.

A confusão em Aracaju ocorreu porque, durante o show, Rita Lee gritou contra policiais que teriam agredido alguns fãs. Segundo o jornal Folha de S.Paulo, a cantora chamou PMs de "cavalo", "cachorro" e "filho da puta". Após o final da apresentação, ela foi levada a uma delegacia.

No Twitter, Rita Lee escreveu sobre o caso:

"Polícia dando trabalho p/ mim, quer me prender, embasamento legal ñ há, ñ retiro uma palavra do q disse, o show era meu!".

Fonte: http://ultimosegundo.ig.com.br/. Acesso em: 29 jan. 2012

Inicialmente, é necessário fazer algumas observações: a) note-se que há o tempo do show e o da prisão em si, fisicamente anterior à construção do objeto de discurso instituído por esta notícia; por razões óbvias, consideraremos apenas a realização linguística, a narração do(s) evento(s) a partir da qual os referidos tempo e espaço se tornam objeto de discurso; b) como o nosso foco analítico é o processamento do tempo-espaço linguístico-cognitivo, alguns aspectos da construção de sentido não serão considerados nesta pequena análise; c) inicialmente, observaremos apenas as projeções de tempo (temporalização), na sequência integraremos a de espaço (espacialização); d) relevemos, para esta atividade, o fato de haver uma duração de tempo entre o momento da escrita da notícia e o da leitura. Consideremos, então, o texto como o lugar de encontro dos interlocutores (repórter e leitor), como um ato de fala, e estabeleçamos a seguinte instância de enunciação:

**Interlocutor A** > enunciador = IG notícias (ou repórter); **Interlocutor B** > enunciatário = leitor; **Tempo enunciativo** = o da leitura (agora); **Espaço enunciativo** = o da leitura (aqui); se rotulado, 'ciberespaço'; **Referência** = evento: prisão da cantora Rita Lee.

Considerando-se o parágrafo transcrito anteriormente, o processamento cognitivo de tempo, **a partir do presente enunciativo** (aqui/agora, dêitico, não expresso linguisticamente), se faz com a projeção mental de uma série de eventos, fatos, dentre os quais a prisão da referida cantora, na madrugada do domingo 29.01.2012, projetada (a madrugada) no passado (em associação com "*o fato aconteceu*") do dia em curso (presente na projeção do interlocutor 'A', considerando-se a escolha do dêitico "*este domingo*"). Ainda é possível observar a integração de uma série de eventos e durações temporais distintas neste único ato comunicativo. Vejamos:

a. Primeiro, consideremos que o Tempo universal bem como o epistêmico/fonte são realidades tácitas necessárias a que a enunciação se realize:

Figura 4 – Inscrição linguística do tempo-espaço cognitivo 01

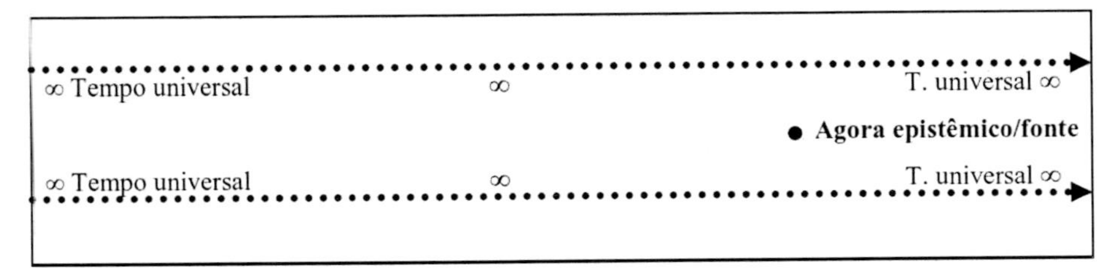


Fonte: elaborada pelo autor

b. Na expressão [*no último show de sua carreira*], temos duas projeções temporais, i) a relativa à 'carreira', que, em si, supõe (consideremos a noção de background searliana) um fato de longa duração temporal, no qual se estabelece uma série de eventos, sobretudo shows, não expressos linguisticamente no referido texto, em função da irrelevância à notícia, exceto (ii) o último show, depois do qual se realiza a prisão. Podemos, de forma tosca, representar graficamente tal projeção temporal da seguinte forma (embora usemos um modelo gráfico na forma linear para facilitar a distribuição dos dados, poderíamos fazê-lo em círculos concêntricos, cujo ponto central corresponderia ao aqui/agora enunciativos):

Figura 5 – Inscrição linguística do tempo-espaço cognitivo 02

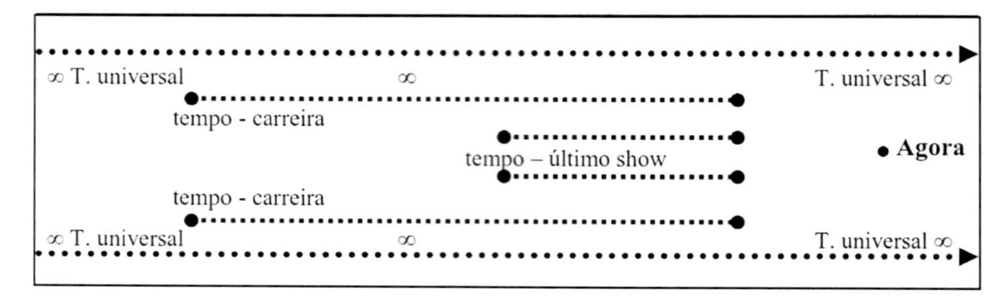


Fonte: elaborada pelo autor

c. Integra-se recursivamente mais um evento, [*no último show de sua carreira* [*a cantora Rita Lee foi presa*]], o que reorganiza a unidade cognitiva (considerarei a expressão inicial "**no** último show", embora no título e na própria notícia se tenha dito que a prisão tenha sido **após** o show):

Figura 6 – Inscrição linguística do tempo-espaço cognitivo 03

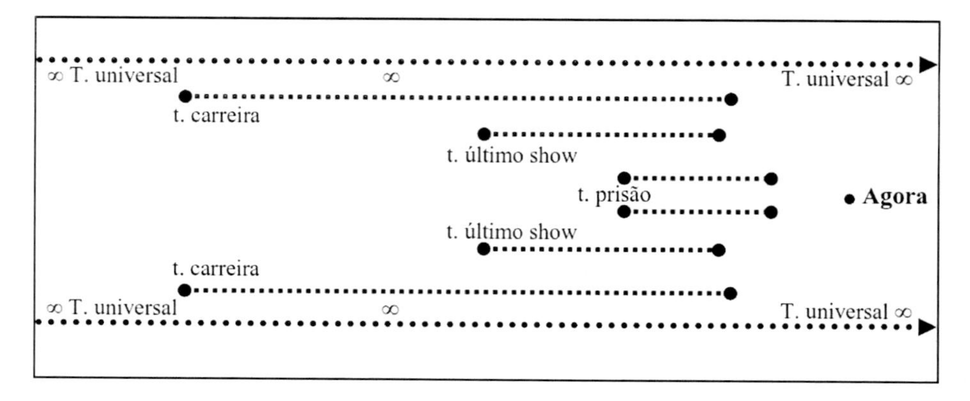


Fonte: elaborada pelo autor

d. Integra-se, novamente, mais uma informação[106]: [*no último show de sua carreira* [a cantora Rita Lee foi presa [por desacato]]].

Figura 7 – Inscrição linguística do tempo-espaço cognitivo 04

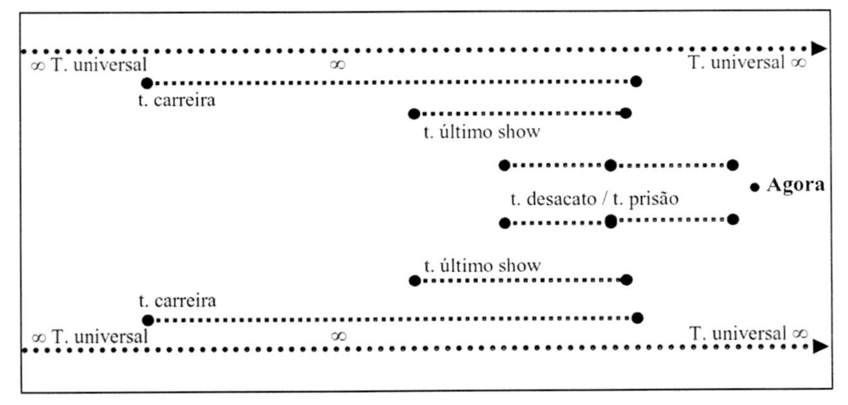


Fonte: elaborada pelo autor

e. Há a informação de que "o fato aconteceu na madrugada do domingo (dia 29)". Se o leitor identificar 'o fato' como 'a prisão', tal informação garante uma operação cognitiva de 'datação' à prisão = "este domingo, 29-01-2012, madrugada":

Figura 8 – Inscrição linguística do tempo-espaço cognitivo 05

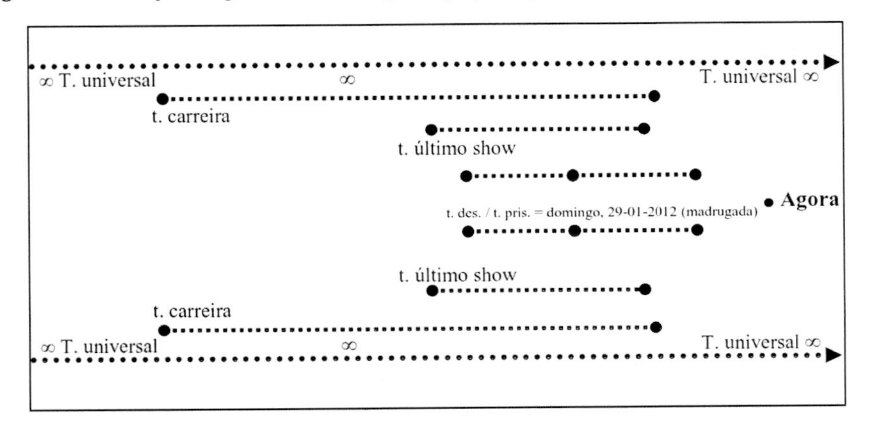


Fonte: elaborada pelo autor

106 Usaremos termos abreviados, para ajustar os dados ao espaço delimitado na imagem.

f. Agrega-se uma projeção, nesse caso, pertencente ao script 'prisão', "levada à delegacia"; bem como "ela já foi liberada":

Figura 9 – Inscrição linguística do tempo-espaço cognitivo 06

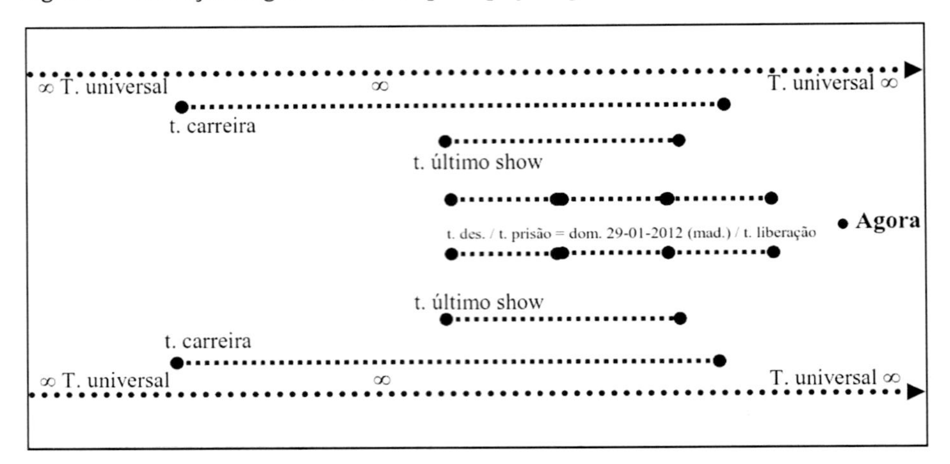


Fonte: elaborada pelo autor

g. Não há dados textuais suficientes para se associar, ou não, a 'liberação' à 'madrugada', mas o índice 'já' garante a projeção de que a liberação tenha sido durante "este domingo".

h. Como se vê, há uma série de eventos e, consequentemente, uma série de projeções de tempo, recursivamente instituídos e unificados neste ato linguístico: i) a carreira da cantora, ii) o último show, iii) o desacato, iv) a prisão, que inclui 'ser levada à delegacia', v) a liberação. À luz da noção de dêixis discursiva, podemos dizer que, além destes tempos (leia-se temporalizações) associados aos respectivos eventos, temos a projeção do tempo-espaço enunciativo em que se instituiu o referido ato comunicativo, no qual se projetou um tempo discursivo, constituído pela integração de tempos/espaços enunciativos relacionados à carreira da cantora e noticiados sob o título "Rita Lee é presa após o último show de sua carreira":

T.} [t carreira... [t show... [t desacato]][t prisão][t soltura]]{T.

i. Também, neste tempo-espaço enunciativo, projeta-se linguístico-cognitivamente o lugar 'Aracaju', no qual se integram dois outros espaços (o do show e o da prisão):

E. }[Aracaju...[lugar do show][delegacia = lugar da prisão]]{E.

j. Considerando a noção de frames e/ou de background, a significação a este texto requer também projeções cognitivas de espaços/lugares socialmente instituídos, que somam um conjunto de valores e crenças culturalmente construídos pelos participantes desta atividade linguística. Falo i) do lugar imaginário do show (não o lugar físico da realização do show, em que, naturalmente, houve um palco, a cantora, os músicos, os fãs etc., até porque neste referido lugar é possível realizar outros eventos com scripts muito diferentes do que se tem de um show)[107], o flash cognitivo, aberto pela ideia de show; ii) também do lugar socialmente instituído ao policial, ocupado por um homem ou mulher; iii) dos lugares de cantora e de prisioneira, ambos, no caso, ocupados por Rita Lee; etc.

Nesta pequena amostra analítica, verificamos como projeções linguístico-cognitivas de tempo (plenamente válidas para as de espaço) são, numa perspectiva discursiva, uma constância nos enunciados linguísticos, ainda que não expressos por sintagmas tradicionalmente alocados para designar noções espaciais e temporais ou desinências modo-temporais. O olhar ao processamento dêitico evidencia uma complexa rede de organização espaçotemporal de eventos, que o olhar mais atento a índices linguísticos (inclusive nomes) pode revelar. Os estratos mais profundos da organização cognitivo-funcional da dêixis (em sentido lato), nesse contexto, podem ativar traços no uso da palavra, por exemplo, a partir de categorias gramaticais e/ou semânticas, que incluem tanto os índices textualmente expressos — pronomes (eu/tu, este/aquele), advérbios (aqui, aí, lá, cedo, tarde), preposições (após, trás, entre, perante), adjetivos (curto, longo, largo, seguinte, anterior), nomes (duração, largura, distância), entre outros — quanto os aspectos enunciativos indicadores da identidade dos interlocutores, do tempo-espaço da enunciação etc.

A palavra, nessa perspectiva, mais que um produto da língua, é um elemento processual por meio do qual interlocutores se definem em relação a outros, compartilham crenças e desejos, fazem acordos, promovem eventos, falam de si mesmos e de outros etc., etc., já que, em última análise, estamos tratando de atos que colocam os interlocutores em ação, mediante

[107] Interessantemente, em função do frame de show, pude dizer que "houve um palco, a cantora, os músicos, os fãs etc.", ainda que eu não tenha experienciado a apresentação de Rita Lee.

palavras. Pode-se então dizer que, no discurso, palavras são a evidência de que índices linguísticos sinalizam o esforço cognitivo humano de, pela necessidade de interação, atualizar, representar, compartilhar a própria existência e a de seus pares. Para tanto, criam-se, integram-se, na/pela linguagem, tempos e espaços[108] discursivos, a partir dos quais estabelecem os sentidos originários e originados da grande instância enunciativa chamada 'vida'. Verifiquemos um pouco desse funcionamento a seguir.

## 4.2 Do conceito às formas do tempo, espaço e identidade

Como se tem postulado, a dêixis indicia três elementos do discurso: pessoa, espaço e tempo. Consideramos o índice 'pessoa' como ponto de referência da instância enunciativa (saliento que, apesar de a língua/linguagem se organizar em função daquele que diz 'eu', não é nossa intenção dizer que, no discurso, 'pessoa' seja mais importante que 'tempo' e 'espaço', já que estas entidades constituem, igualmente, a unidade fundamental sem a qual o discurso não acontece), ao qual se integram, necessariamente, as categorias espacial e temporal, já que qualquer ser vivo está inexoravelmente submetido ao tempo e ao espaço, e só é possível enunciar 'eu' instaurando-se no tempo e no espaço, ou, em outras palavras, instaurando-se o tempo-espaço enunciativo, em relação ao sujeito discursivo, um self (in)específico, uma (id)entidade psíquica.

Espaço-tempo são, dessa forma, dimensões necessárias à instauração do sujeito na enunciação. E esta, por sua vez, "é o lugar do *ego, hic et nunc*" (Fiorin, 2001, p. 42). Nessa perspectiva, os índices dêiticos — de natureza pronominal, adverbial etc. — são categorias vazias cuja significação depende da enunciação: precisam ser identificados na relação com uma pessoa, um tempo e um espaço específicos. Assim, tempo e espaço são relativos a um sujeito enunciativo cuja identidade só é possível na instância enunciativa que o institui como tal. Como estes elementos dêiticos são *sui generis* a cada instância enunciativa, a dêixis é, pode-se dizer, uma função da língua/linguagem e, como tal, uma função cognitiva.

Diante disso, como a nossa intenção e buscar categorias cognitivas de espaço tempo, o nosso alvo é o conceito. Nesse caso, se fizermos o caminho semasiológico (da forma ao conceito), ficamos sujeitos à limitação de análises na superfície gramatical, conforme se tem tradicionalmente

[108] Neste texto, 'tempo' e 'espaço' só assumem a forma de plural no nível do discurso.

feito. Por isso, o nosso percurso pretende-se onomasiológico (do conceito às formas), para que possamos tratar de categorias subjacentes às formas gramaticais. Entendemos que, nessa escolha, ainda que não descrevamos ostensivamente todas as expressões linguísticas relacionadas a tempo e espaço, há maior probabilidade de explicar o funcionamento cognitivo humano das categorias têmporo-espaciais, que podem, na manifestação linguística, apresentar um sem-número de variações, tanto entre as línguas [já citamos, à página 115, o trabalho de Boroditsky (2000, *apud* Casasanto, 2010), em que se compara o desempenho de falantes do inglês ao de falantes do mandarim chinês] quanto no interior de uma dada língua. Procuraremos observar o funcionamento de categorias de tempo e espaço a partir de manifestações prioritariamente dêiticas.

Para isso, torna-se imprescindível agregar aos objetos de análise a perspectiva do sujeito (pessoa, identidade, self), já que o trio 'tempo-espaço-identidade' forma uma unidade fundamental nas relações linguísticas e, consequentemente, na construção de objetos discursivos. Além disso, pertence à física a preocupação de explicar 'objetivamente' tempo e espaço, fora da manifestação linguística que os torna objeto de discurso.

A base inicial da nossa opção analítica se promove à luz do pensamento de Brandt (2004) e/ou Fauconnier e Turner (2003). Segundo eles, em um nível basilar, os humanos experimentam o mundo arraigado a construtos fundamentais de ESPAÇO, TEMPO e IDENTIDADE. Essas noções são processadas simultânea e recursivamente no instante da relação do ser com o mundo. Nesse sentido, Brandt (2004) afirma que os seres humanos compartilham: a) especializações semânticas dedicadas a figuras e configurações espaciais; b) especializações semânticas dedicadas a eventos de força-dinâmica e padrões de ação temporais; c) variações dêiticas na configuração de identidade, tais como a "designação" de propriedades, a indicação de pontos de vista, foco, enquadramento e escala ou outra forma de subjetivação, ou seja, o apropriar-se, identificar, reconhecer coisas e seres através do espaço e do tempo. Inclui-se, aqui, especializações semânticas de quantificação, modalização etc.

O que motiva o processamento de tais especializações é exatamente a necessidade humana de atualização o self, por meio do compartilhamento de saberes culturais (background) e das crenças e desejos individuais. A atividade linguística, nesse caso, acontece a partir da necessidade de interação de pessoas e se fundamenta na emergência deste self, que é, necessariamente, dêitico e só se realiza na ínfima abertura presente do tempo-espaço, também dêitica, em que se dá a construção de objetos discursivos. Em outras palavras, todo o processamento dêitico se implementa, necessariamente, em torno de um self, que, na relação com o outro (o 'tu' benvenistiano), põe a língua em uso. Desse modo, a unidade dêitica 'pessoa-tempo-espaço' é presente e pressuposta no *start* enunciativo (*ground*); e, no contínuo da interação, o *background* (os saberes culturais) mantém o curso da comunicação.

Nessa acepção, a interação se apoia no background (ou, simplesmente, conhecimento estruturado), que é um atributo do 'item' do tripé denominado 'pessoa' (note-se que 'pessoa', aqui, não se refere ao índice linguístico pronominal: referimo-nos a um atributo do self). Como já dissemos, o background está associado ao frame discursivo e, no fluxo enunciativo, dêitico por excelência, sustém a perspectiva, a expectativa da fala (e consequente projeção mental) seguinte, e da seguinte, etc., até se realizar a construção/significação do(s) objeto(s) discursivo(s), que pode(m) integrar tempos e espaços[109] diferentes do atual. Assim, o modo particular como o conhecimento é (re)categorizado, atualizado e expresso em uma dada atividade linguística, ainda que esteja relacionado a particularidades do tempo-espaço da enunciação, pertence à faculdade humana de construção do self no contínuo do tempo-espaço.

E, nesse contexto, *background*, *ground*, *frame*, *categorização* fazem parte de uma realidade cognitiva, uma certa estrutura percepto-motora, que, entre outras funções, indica a 'delimitação' de espaço e tempo do objeto de discurso, promove metáforas (neurais, conceituais), constrói categorias linguísticas, que podem ser compartilhadas pelos falantes no ato discursivo. Ademais, permite aos interlocutores a) estabelecer distinção entre o tempo-espaço da dêixis enunciativa e o da discursiva, b) relacionar formas de superfície a conceitos subjacentes (se preferirem: associar Se a So), c) construir e diferenciar objetos de discurso.

De forma distinta do que se tem dito, seja na 'teoria da metáfora conceitual', seja na da 'neural', queremos propor um sistema integrado (por isso, único) de projeções de tempo-espaço-identidade. Sem dizer que o domínio cognitivo espacial (+ físico, + social) seja inicialmente estruturado para que a partir dele se possa projetar o domínio do tempo e/ou o da própria identidade. A nossa proposta é a de que (consideremos,

[109] Considere-se a nota 110.

por analogia, as combinações algorítmicas no campo da informática) o '*modus operandi*' da nossa experiência humana com estes domínios (espaço-tempo-identidade) compartilha uma limitada estruturação cognitiva comum, que permite um mapeamento integral e integrador entre os aspectos relevantes dos três domínios, a um 'sem-número' de funções representativas, ainda que sejam entendidas como metáforas neurais e/ou conceituais.

Em outras palavras, é possível dizer que o sistema cognitivo faz uso de certas estruturas para diversas construções. Assim como o organismo usa a boca para falar, comer, respirar, assoviar, balbuciar, beijar, [...], colar selo, também todo o sistema se dispõe da capacidade de, minimamente, produzir o que é necessário à sobrevivência. E, se este é o *modus funcionandi* do sistema, entendemos que o sistema linguístico-cognitivo seja também capacitado para 'operar' um grupo integrado de 'estruturas' neuronais capazes de processar tempo, espaço e identidade e projetar todas as categorias sintático-semântico-discursivas possíveis de 'representação' de um 'eu-aqui-agora' e, também', de quaisquer 'não eu', 'não aqui', 'não agora'.

Então, da mesma forma como a boca é usada, inicialmente, para 'sugar', 'comer' e, mais tarde, a depender da 'maturação' orgânica' de outros componentes do sistema biológico, para 'falar', 'assoviar', 'beijar' etc., sem que isso seja uma cooptação de uma estrutura que fosse criada para um determinado fim e, a posteriori, pudesse ser usada para outras finalidades, podemos entender que o sistema linguístico-cognitivo seja, inicialmente, funcional, para processar (perceber, categorizar, representar) as atividades humanas de construção self, a começar com a relação do próprio corpo com mundo, a espacialização da própria identidade, sem que ainda 'goze' de plenas capacidades intelectuais que, mais tarde, lhe garantirão o processamento da temporalidade, a consciência do tempo, a aptidão à temporalização.

Desta forma, justifica-se o uso linguístico de "estar dentro" da sala, da casa, da cidade, do universo, do assunto, da proposta, por concebermos tais objetos (materiais ou institucionais) a partir de certa 'estrutura' de delimitação em que se circunscreve uma noção cognitiva de que todo limite seja espacialmente 'representado'. Daí se falar também de certos limites temporais, de acontecimentos/eventos datados, de intervalos de datas ou datas pontuais, de décadas, de séculos, milênios, eras etc. Um jeito é pensar que tais projeções sejam metáforas (conceituais ou neurais), outro jeito é pensar que sejam estruturas neuronais usadas plurissignificativamente para construir/representar toda e qualquer espacialização, das relacionadas a objetos do mundo físico às mais quintessenciadas[110], relacionadas a objetos ditos abstratos, instituídos apenas no mundo das ideias. É importante nesse contexto reconhecer a plurivalência da linguagem: com ela, o homem é capaz de alcançar, usando as mesmas estruturas cognitivas (hipótese), todas as modalidades espaciais, do mais 'concreto' ao mais abstrato, inclusive as que se referem a limites do tempo.

Retomemos a notícia a respeito da prisão de Rita Lee, para entendermos o que se propõe, nestas palavras. Novamente, consideremos a leitura como o ponto (no espaço-tempo) de encontro dos interlocutores e do estabelecimento da interação. Então, dado o título

"**Rita Lee é presa após o último show de sua carreira**",

ao contato visual de um leitor real, em situação de leitura, entendemos que a este leitor basta 'passar os olhos' sobre as palavras para que um conjunto de movimentos cognitivos seja ativado/disparado em sua mente: "identificação/categorização de Rita Lee como cantora, brasileira etc., etc."; "categorização do evento 'ser preso' e associação deste a um tempo que, embora tenha sido expresso na forma presente, não coincide com o **agora** do *self* leitor"; "associação do evento prisão à cantora"; "categorização do evento show"; "associação do evento 'show' com o anteriormente categorizado (prisão) e caracterização do evento 'show' como último, o que projeta uma ideia de série de shows"; "categorização de 'carreira' em associação à profissão da cantora", "inclusão do referido show no espaço-tempo da carreira especificada e alocação de tal show como último, não só de uma série, mas da carreira específica"; [...].

Esse conjunto de projeções relacionadas (certamente aquém da quantidade de sinapses neurais realmente realizadas na significação das palavras lidas) se dá no átimo de leitura do título. Mas um processo de leitura que viesse a depender de todos esses fatores poderia tornar-se inviável. Cognitivamente, qualquer leitor opera sua leitura com lembranças que o levam a 'significar' muitos dos fatos, mas também com esquecimentos (e/ou desconhecimentos) que podem levá-lo a 'descartar' alguns outros. É importante ressalvar que a sequência dos fatos (e certamente muitos outros)

[110] Nesta acepção, a palavra não se restringe ao conceito aristotélico (vide seção 2.3.2.2) relacionado a corpos supralunares. Estende-se, como se vê, a instituições no mundo das ideias, o que faz lembrar Platão.

é real quando estes estão associados à ínfima abertura[111] dos acontecimentos no tempo-espaço, mas é preciso dizer que, para o leitor real (já em outro agora), eles são apenas um leque de projeções cognitivas e/ou, talvez, de elementos enunciativos possíveis. A enunciação parece, de fato, se valer desses elementos, mas ela própria se incumbe em dissipá-los no instante seguinte. Assim, o '*agora*' (ou todo o tripé de que falamos anteriormente) da enunciação não existe antes dela nem depois, exatamente porque se instaura a partir dela e, como fenômeno, se esvai nela e com ela. Passa a configurar o que Searle (2006) denomina de background.

Considerando-se que, na velocidade do fluxo da leitura, essa sucessão de eventos, projetada a partir do background, *já integre* o *ground* no presente enunciativo, mas ainda não se tenha o rótulo[112] linguístico de tempo (datação) nem o de lugar (espacialização) do 'show' e/ou da 'prisão', deve haver uma ativação mental de categorias vazias ('*quando*', '*onde*') relacionadas à 'delimitação' do tempo-espaço dos acontecimentos ('transformado' em objeto de discurso), que já é diferente do tempo-espaço enunciativo, dêitico, atual. Tais categorias ('*quando*', '*onde*') são levadas a efeito de significação espaçotemporal, com os índices linguísticos "*na madrugada deste domingo 29-01-2012, em Aracaju*". Assim, o presente linguístico expresso na forma "é" do título se faz, conceitualmente, passado em relação ao presente enunciativo. O leitor, utilizando-se, até mesmo, de frames cognitivos relacionados ao padrão do gênero notícia, lê o presente 'é', mas sabe que se refere a um passado imediato. E, nesse caso, o conceito subjacente único de temporalização de 'passado' pode ser expresso em formas linguísticas diferentes:

"*Rita Lee* é/foi *presa após o último show de sua carreira*"

Eis, destarte, uma das muitas evidências possíveis de como se dá **a constituição linguístico-cognitiva do tempo na construção de discursos**, centrada no tripé pessoa-tempo-espaço ou self/aqui/agora. Em seguida, trataremos do processamento do espaço-tempo na linguagem, com vistas a explicar processos de construção linguística em que tais domínios são considerados na elaboração do significado. Como verificaremos, tais domínios podem assumir a) ora uma função relacional, de similaridade nas categorias linguísticas, b) ora uma função independente.

---

111 Referência ao *Dasein* heideggeriano.

112 Na acepção usada na seção 2.3.2.2, à página 41.

## 4.3 Similaridades e diferenças de espaço e de tempo

Há uma concepção difundida na literatura da Linguística de que o espaço e o tempo estão profundamente interligados, tanto em linguagem quanto nos conceitos subjacentes. Além disso, um dos domínios — o espaço — é frequentemente visto como base, enquanto conceitualizações do outro — o tempo — dependem do domínio básico de espaço por transferência metafórica. Nesta seção, verificaremos, no funcionamento linguístico, semelhanças e diferenças no que diz respeito às concepções fundamentais do espaço e do tempo.

Importante registrar que a concepção de que 'espaço e tempo estejam profundamente interligados' e/ou de que 'aquele sirva de base para este' não foi assumida sem ressalvas, neste livro. Consideramos sensata a concepção alternativa de que haja similaridades, mas não primazia absoluta do domínio espacial sobre o temporal nem cooptação de um domínio para a projeção de outro. O alicerce para tal assertiva está nas palavras de Jackendoff (1983). Segundo ele, a similaridade entre as concepções espaciais e temporais é baseada em uma estrutura temática subjacente, que organiza todos os domínios conceituais de forma semelhante:

> Estou inclinado a pensar da estrutura temática não como metáfora espacial, mas como uma organização abstrata que pode ser aplicado com especialização conveniente para qualquer campo. Se houver alguma primazia para o campo espacial, é porque esse campo é muito fortemente apoiado pela cognição não-linguística, tal primazia é a base comum para as faculdades essenciais da visão, tato, e ação. (Jackendoff, 1983, p. 210).

A diferença pode ser mais bem demonstrada com a análise comparativa de concepções relacionadas à espacialização e à temporalização, levando-se em conta tanto semelhanças quanto diferenças existentes entre as representações espaciais e temporais, quer em expressões linguísticas, quer em outros modos de representação.

Nesta seção, buscaremos algumas semelhanças e diferenças na natureza cognitiva do tempo-espaço que podem ser investigadas a partir das manifestações linguísticas. Pode-se, de antemão, relacionar aspectos conceituais que diferenciam os dois domínios. Na relação com o espaço, conceitos como localização, forma, tamanho (altura, largura, comprimento) etc. são relevantes; na relação com o tempo, duração, precedência, simultaneidade, consequência etc. Tratemos de algumas dessas representações a seguir.

### 4.3.1 Dimensionalidade/direcionalidade

Uma das diferenças mais evidentes entre a concepção de espaço e a de tempo está no fato de que o espaço (como um domínio abstrato, já o dissemos) é concebido de forma tridimensional (ressalva-se a crença de que o tempo seja a quarta dimensão do espaço), e o tempo, de forma unidimensional (linear). Como veremos a seguir, aspectos de linearidade, sequencialidade, podem ser projetados tanto em relação ao tempo quanto ao espaço, mas desempenham papéis diferentes nos dois domínios.

A começar pelo fato de tais aspectos serem mais centrais na percepção do tempo. O 'sensação' de linearidade do tempo é central pelo fato de que qualquer evento (ou período de tempo) que não seja simultâneo a outro é concebido 'antes' ou 'depois' de outro evento. Mesmo no caso de percepções cíclicas, a forma de percepção humana do tempo projeta uma única dimensão, que é ilimitada e se estende indefinidamente no passado e no futuro (do futuro para o passado ou vice-versa, a depender da perspectiva). No espaço, em contraste, há algumas dimensões possíveis e, portanto, opções diferentes de entidades de ordenação, como veremos a seguir. Foquemos, inicialmente, o processamento do tempo.

A localização de eventos e estados no tempo se dá a partir de um ponto de orientação, que é centrado no self. É o ponto dêitico de que tratamos na seção 3.5.1. Seguindo o princípio da dêixis, tomamos o tempo enunciativo como o ponto presente a partir do qual localizamos outros tempos, isto é, temporalizamos o objeto discursivo construído em referência aos tempos do discurso: presente, passado e futuro.

Nesse contexto, o ponto presente é o presente do 'tempo', o tempo dêitico original; o presente linguístico, salvo variações de valor como o 'presente histórico', comum em narrativas, faz referência a acontecimentos e/ou eventos associados — por proximidade/simultaneidade ou inclusão — ao tempo enunciativo; o passado precede, e o futuro sucede o referido ponto presente do tempo. No inglês, distingue-se '*time*' e '*tense*'; por associação, o ponto presente dêitico de que falamos está relacionado ao '*time*'; e o presente, o passado e o futuro discursivos, ao linguístico '*tense*'.

Em síntese, graças à capacidade de temporalização, o ser de linguagem projeta tempos linguísticos (*tense*) com os quais 'codifica' informações temporais dos eventos discursivos, em relação ao tempo da fala. Isto é, o princípio dêitico localiza situações com respeito ao tempo enunciativo; a partir dele, o ser humano situa-se e situa eventos no passado, presente ou futuro. E os eventos, nesse contexto, podem ser conceituados como projeções de pontos ou de intervalos de tempo, que podem ser simultâneos, posteriores ou anteriores a si mesmos e/ou simultâneos posteriores ou anteriores ao ponto dêitico da enunciação. No exemplo (15), o evento 'corrigir' é representado inicialmente como um ponto temporal em relação ao intervalo 'ontem'; depois, como um intervalo de tempo, em relação ao evento pontual 'tocar':

15. *O professor corrigiu o exercício ontem. Enquanto ele corrigia, o telefone de Carol tocou.*

Para melhor elucidar o exercício de temporalização, faremos uso da charge seguinte (Figura 10) e construiremos um exemplo de processamento cognitivo do presente enunciativo (o 'aqui-agora' dêitico, simultâneo ao momento da fala) em relação ao presente-discursivo, cuja significação está diretamente relacionada ao presente da enunciação, mas pode ser mais abrangente que este. Consideremos uma situação real de fala em que, na época da Quaresma, à mesa para almoço, um 'pai de família' (o provedor em algumas culturas), 'justificando' a falta de carne, diga à 'mãe' a frase expressa na charge seguinte:

Figura 10 – Charge: Quaresma

Fonte: DUKE. *Super Notícia*-MG, 11 mar. 2011

Em tal situação, entrevê-se uma organização temporal em que o presente assume natureza diversificada: a) há o 'aqui-agora' enunciativo, coincidente com o movimento feito pela mãe ao servir a comida; tal tempo é o ponto dêitico presente, comum aos referidos interlocutores, que corresponde à abertura presente necessária ao acontecimento de toda atividade de fala; b) na perspectiva assumida neste texto, há também, considerando-se a expressão "*agora a gente tem...*" (refiro-me não ao enunciado da charge, mas à enunciação que ela projeta), uma expansão linguístico-cognitiva do tempo, a que chamamos de presente discursivo, 'representado' pelas formas "agora" e "tem", cuja significação alcança além do presente enunciativo pontual daquele evento de fala e se realiza como 'presente discursivo', relacionado ao tempo 'quaresma'. Nesse caso, os interlocutores falam no 'aqui-agora' dêitico, que é um 'ponto' de tempo dentro do intervalo "quaresma". Esta é construída como um objeto de discurso, um tempo de referência da "desculpa para não comer carne".

Três considerações: a) fosse a fala do enunciador "*agora você coloca (está colocando) a comida no prato*", de forma que o verbo 'colocar' descrevesse o movimento da mulher estendendo a mão com a concha sobre o prato, o presente linguístico "*coloca*" estaria relacionado a um "agora" pontual, ao contínuo presente espaçotemporal coincidente com o tempo--espaço enunciativo; b) note-se que, ainda que se conceba o 'aqui' espacial, sem o qual não seria possível falar, não há projeções de espaço inscritas no enunciado, já que o relevante, neste caso, é a inscrição do tempo objeto de discurso, projetado como 'quaresma'; c) vale observar que a criação *supra* é, na verdade, uma estratégia discursiva construída pelo chargista com a finalidade de colocar em evidência a situação de crise, de pobreza, por que passam algumas famílias, a exemplo da 'representada' pelas personagens do texto. Nesse ato comunicativo, 'quaresma', coincide com o tempo de criação da charge, e é tomado pelo leitor como uma referência para interpretação.

Assim é que, "corporificados", no 'aqui-agora', projetamos lugares, eventos, objetos discursivos em espaços diferentes do 'aqui', da mesma forma como projetamos, a partir do 'agora', eventos, objetos discursivos em tempos diferentes do 'agora'. E isso é expresso por meio de recursos linguísticos e/ou imagéticos, conforme se vê a seguir:

Figura 11 – Charge: E no Dia da Criança

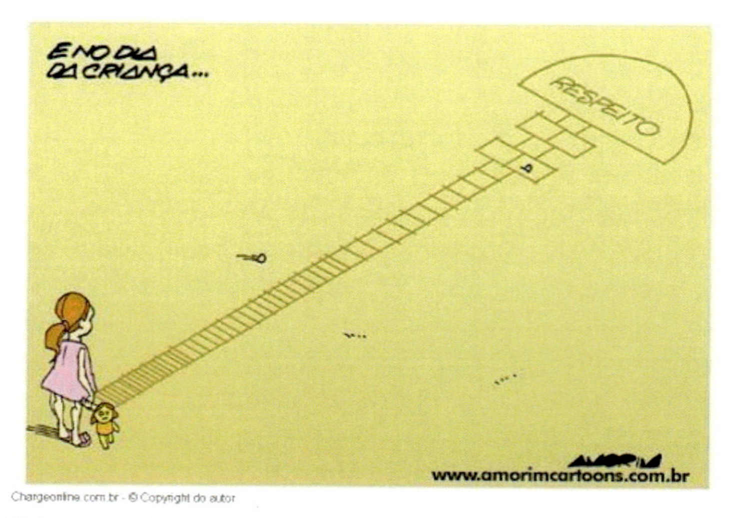


Fonte: AMORIM. *Correio do Povo*-SP, 12 out. 2011

Aqui, à primeira vista, verifica-se uma projeção espacial, que coloca uma criança distante do lugar em que se encontra a palavra "respeito". Esta foi criteriosamente colocada no 'céu' da amarelinha[113], projetado, na brincadeira infantil, como lugar confortável a ser alcançado. Centrando-se, todavia, no 'aqui-agora' (12 de outubro, Dia da Criança), verifica-se, prioritariamente, uma projeção de tempo: o objeto 'respeito' é situado em um tempo-espaço distante do presente enunciativo, na direção do futuro, que é uma posição espacial à frente do self. Nessa perspectiva, a interação linguística prototípica fornece o seguinte padrão de projeção espaçotemporal: o falante é o centro da interação linguística (ressalva-se que a representação contextual pode ser compartilhada e atualizada por grupos de indivíduos, o que permite um funcionamento linguístico-cognitivo sincronizado do grupo em uma complexa rede de significações), e o tempo-espaço enunciativo é o ponto de orientação padrão. Este é o princípio dêitico, base para a atividade linguística.

[113] Brincadeira infantil que consiste em saltar, com apoio numa só perna, casa a casa de uma figura riscada no chão, após jogar uma pequena pedra achatada, ou objeto semelhante, em direção a cada uma das casas (quadrado), sequencialmente, pulando a que contém a pedra ou objeto. Em um dos extremos da figura há um espaço chamado 'céu' no qual se pode permanecer com os dois pés no chão, antes de se fazer o caminho de volta para a outra extremidade. A amarelinha comum possui apenas sete casas antes do 'céu'; a da charge aumentou exageradamente a quantidade de casas, prolongando-se a distância entre a extremidade da criança e a do 'céu', exatamente onde está a palavra 'respeito'.

Neste caso, compartilho a crença de que os referentes são construídos em relação à experiência corporal frente/trás. Na forma como nos concebemos no mundo, considerando-se a dimensionalidade/direcionalidade linear de que se trata nesta seção, há objetos 'postos' à frente/trás do nosso corpo, em relação ao 'aqui', e eventos processados à frente/trás do self, em relação ao agora. Assim, ainda que haja diferenças dimensionais e de direcionalidade na configuração do tempo em relação à do espaço, esta perspectiva linear é comum aos dois domínios.

Entendo que deve haver um processamento cognitivo responsável por esta dimensionalidade/direcionalidade, em função do movimento vital e da forma como o concebemos. E tal processamento é utilizado tanto para a categorização do tempo quanto para a do espaço. Justifica-se, então, que o sistema disponha de formas linguísticas comuns às duas configurações conceituais (a de tempo e a de espaço), quando a localização do objeto/evento discursivo no tempo espaço projeta noções de linearidade em relação ao aqui-agora. Em outras palavras, dada a possível linearidade conceitual, o princípio dêitico, que é comum ao processamento do tempo e ao do espaço, garante o uso de expressões linguísticas comuns, como 'perto' 'longe', 'distante', referentes a qualquer uma das dimensões.

Nesta outra charge, por exemplo,

Figura 12 – Charge: O congresso

Fonte: BESSINHA. *A Charge online*, 17 dez. 2010

a forma '*longe*', inicialmente usada para categorizar/representar a distância entre o congresso e o ponto dêitico espacial (aqui) dos interlocutores, é também projeção de outros valores semânticos, quando associada a 'decência', 'honestidade', 'respeito', 'decoro' etc. Esta mudança de 'plano conceitual' para o "longe" se deve ao traço de 'espacialidade' presente em "daqui" e ausente nos outros termos "*decoro*", "*honestidade*" etc. Note-se, também, que é possível entender que "*o congresso está longe de ser decente, honesto, respeitoso, decoroso etc.*" e, nesse caso, a distância é muito mais temporal que espacial, isto é, entende-se que o tempo da 'decência', da 'honestidade', do 'respeito', do 'decoro' está 'longe' de ser alcançado no/pelo congresso. Ressalva-se, todavia, que também é possível projetar 'decência', 'honestidade', 'respeito', 'decoro' como realidades a que se pode atingir, e nesse caso tais realidades são objetos de discurso realizados/instituídos graças ao princípio da espacialização. "Longe", portanto, realiza, nesta charge, tanto as projeções conceituais de espaço quanto as de tempo.

Sabemos que, diferentemente do tempo que envolve apenas uma dimensão e, portanto, um único eixo básico, os conceitos espaciais são aplicáveis em três dimensões distintas. Assim, a interpretação de termos espaciais baseia-se na conceituação de regiões vizinhas aos três eixos básicos, correspondentes a cada uma das três dimensões, das três linhas dimensionais (abaixo/acima; esquerdo/direito; trás/frente) também concebidas a partir do espaço dêitico central. Dessa forma, "ali", "aí", "lá" podem ser multidirecionais (para a esquerda, a direita, frente, trás, baixo, o alto) em relação ao 'aqui'. Salienta-se que a dimensão espacial não tem direcionalidade intrínseca, é, nesse sentido, neutra (*vide* assertiva de Habel e Eschenbach, à página 106): por ser multidirecional, a opção de direcionamento não é determinada pelo espaço, como o é no tempo, ou seja, a direcionalidade espacial é facultada ao self, exceto, talvez, em acordos funcionais de organização social de espaço; por exemplo, em filas de espera, em que as pessoas acordam uma direção específica.

Outro aspecto importante das diferenças dimensionais do espaço tempo é o fato de interlocutores poderem se situar em pontos distantes ou próximos no espaço e construírem uma rede dêitica de pontos espaciais nas atualizações linguísticas. Assim, a depender da localização dos interlocutores, pronomes e/ou advérbios demonstrativos ("aí", "aqui", "lá"; "este/esse/aquele lugar") podem 'traduzir' projeções cognitivas diferentes numa mesma cena enunciativa, o que não acontece com projeções temporais.

No tempo, "ali", "aqui", "lá" ou "este/esse/aquele tempo" 'representam' projeções cognitivas similares, independentemente da localização dos interlocutores. Isso porque o 'agora', diferentemente do 'aqui', se refere à mesma 'abertura' temporal a todos os participantes de uma dada cena enunciativa. Em outras palavras, no 'agora' só se acessa o presente, que é uma abertura no Tempo semelhante a todos os seres.

***

Faremos, rapidamente, uma pequena digressão, para afastar possíveis ideias contraditórias ao que se afirma nas linhas anteriores. Explico. Pode parecer incoerente, diante da análise de enunciados como (16) e (17), dizer que a abertura presente do tempo é, necessariamente, única.

16. *Você está muito à frente no tempo.*

17. *Vossa mercê ainda está no século passado.*

Todavia, ditos por um interlocutor que queira elogiar a performance de alguém, ou por um que queira realçar atitudes, comportamentos retrógrados de outro, os enunciados (16) e (17) **não** são interpretados pelos respectivos ouvintes como uma informação de que eles 'acontecem', vivem em uma época (considere-se o tempo 'físico', cronológico, datado) diferente da do ato de fala. É óbvio que, nesses casos, o presente enunciativo dos interlocutores é o mesmo. No caso em análise, (16) e (17) apenas 'traduzem' um ponto de vista do falante em relação ao ouvinte, em que este é avaliado, respectivamente, de forma positiva e negativa.

Vejamos um uso real desse tipo de projeção. Como o avanço tecnológico é culturalmente relacionado a projeções de futuridade, podemos associar ao 'agora' discursivo: costumes, modos de pensar, tecnologias etc. 'esperados' para tempos vindouros, conforme se vê nos exemplos a seguir.

18. *Steveland Judkins nasceu a 13 de Maio de 1950 e é, na minha modesta opinião, um dos maiores gênios vivos da música contemporânea. Um verdadeiro leit motiv para muitos que se lhe seguiram, verdadeiramente inigualável como compositor e intérprete.* [...] <u>*um ser muito à frente no tempo*</u>. (grifo nosso).[114]

[114] Disponível em: wwwbanalidades.blogspot.com. Acesso em: 22 fev. 2012.

19. *Com o DDM4000 você tem em seu poder um DJ Mixer que te coloca bem à frente no tempo.*[115]

Como se vê, em (18), interpreta-se "um ser muito à frente no tempo" não em função de a pessoa/referência existir numa época posterior ao do falante/escrevente. Expressamente, "Steveland Judkins nasceu a 13 de Maio de 1950", mas o seu talento musical é caracterizado pelo interlocutor como "inigualável" na atualidade. Nesse caso, (16) poderia ser dito a ele. É como se houvesse um ideal estético da arte para cada momento histórico, uma espécie de '*quale*' a partir da qual se pudesse dizer que um fato artístico-cultural 'presente' tenha uma qualidade a ser alcançada no 'futuro'.

Os "*qualia*" de uma época, nesse sentido, definem as qualidades subjetivas das experiências mentais humanas, cujas propriedades, pela sua natureza cognitiva, não são intercambiáveis, mas podem ser manifestadas no grau negativo ou positivo de excelência das realizações sociais. Em outras palavras, há um conjunto de traços psicológicos, intelectuais e/ou morais de um indivíduo, socialmente caracterizados como atributos superiores, que tornam pessoas ou feitos distintos em relação a outros do mesmo 'tempo'. Nesse sentido, pode-se dizer que há uma projeção da qualidade do que se faz em relação ao tempo histórico do que é feito. Isso explica a noção de "tempo à frente" construída nos exemplos (16), (18) e (19) — o que não é uma contradição à assertiva de que "no 'agora' só se acessa o presente, que é uma abertura no Tempo semelhante a todos os seres", já que, nas referidas expressões, projeta-se um tempo/espaço de um *quale* superior em comparação ao atual (o presente da enunciação ou o histórico dos participantes), e nele o locutor situa o outro: o 'você' de (16) e (19), ou a personagem/referência, Steveland Judkins, em (18).

Da mesma forma, as conquistas, as invenções, os avanços da humanidade sustentam construções ideológicas (que, em última análise, também são frames) a partir das quais se pode avaliar um costume, um comportamento atual e categorizá-lo, por exemplo, como retrógrado, conforme se percebe nas charges autoexplicativas a seguir.

---

[115] Disponível em: www.globaldjs.com.br. Acesso em: 22 fev. 2012.

Figura 13 – Charge: Idade da Pedra

Fonte: LUTE. *Jornal Hoje em Dia*-MG, 6 ago. 2010

Nesta charge, veem-se, sob o mesmo título, dois cenários que traduzem tempos e espaços históricos diferentes. O primeiro representa o período da Pré-História[116], durante o qual os seres humanos criaram ferramentas de pedra que pudessem facilitar-lhes o trabalho. O segundo representa um cenário urbano atual, com aviões e palácios: outro tempo histórico, cronologicamente mais de 6 mil anos à frente; um tempo em que, tecnologicamente, a humanidade é qualitativamente superior. No entanto, vê-se, na charge, o movimento de uma pedra que, usada no passado como instrumento benéfico à construção de condições melhores de sobrevivência, é, em referência ao apedrejamento de mulheres no Irã, utilizada para destruir pessoas.

Dessa forma, reúne-se, em uma só instância discursiva, a partir do presente dêitico enunciativo (consideremos chargista e leitor como interlocutores), tempos e espaços historicamente diferentes. No entanto, o uso da pedra representa um traço de comportamento comum às pessoas

[116] Eis um exemplo de projeção de tempo-espaço sociocognitivamente constituído.

dessas diferentes épocas, embora não seja idealizado para o tempo-espaço atual. Isso explica o título “Idade da Pedra” relacionado aos dois tempos históricos e garante a ‘síntese’, no tempo-espaço dêitico enunciativo, de que, vivendo em tempos atuais, “o iraniano está na Idade da Pedra”.

Figura 14 – Charge: Evolução

Fonte: DUKE. *Jornal O Tempo*-MG, 10 ago. 2010

Nesta charge, idealizada a partir da mesma temática da anterior (Figura 13), projeta-se, num só tempo-espaço enunciativo, a evolução pertinente ao tempo-espaço histórico atual, expresso no uso, “hoje”, de tecnologias de última geração (primeiro quadro), em oposição ao comportamento retrógrado de apedrejamento de mulheres no Irã (segundo quadro), que pode ser concebido como relativo a um tempo remoto, pertencente a um *quale* comportamental contrário à evolução tecnológica projetada na primeira parte da charge. Em ambas as charges, verifica-se uma tendência sociocognitiva de valorização do tempo-espaço hodierno, com base na ideia de evolução associada à atualidade, o que garante a crítica a comportamentos considerados dissonantes com o aspecto evolutivo das ‘eras’[117].

[117] Há aqui uma abertura para se pensar a noção de memória semântica e memória episódica, mas, em função da manutenção do nosso foco de análise, deixaremos essa abordagem para outra oportunidade.

Retomemos o veio principal na nossa tarefa de apontar similaridades e diferenças na natureza cognitiva de projeções espaçotemporais.

### 4.3.2 Acessibilidade

Ainda outro aspecto importante de diferença entre tempo e espaço está no fato de que, neste, é possível locomover-se, deslocar-se de um ponto a outro, em qualquer direção: é possível acessar (experimentar fisicamente) 'lá' e 'aqui' (obviamente isso se dá em tempos diferentes e o 'lá' se transforma em 'aqui' quando alcançado). No tempo, diferentemente, só temos acesso direto ao presente. Ou mais: somos apenas presentes como seres de enunciação, de linguagem; o passado é o conjunto de nossas crenças; e o futuro, a projeção do desejo, ainda que Searle (2006) vá admitir que existam crenças futuras — uma predição, por exemplo.

O 'lá' no tempo, se passado, só é acessível pela memória; se futuro, pela imaginação. Não é possível retroceder no tempo nem, de forma espontânea, avançar. O amanhã do tempo não compete ao homem. Por isso, tem-se a comum concepção de que o próprio tempo está se movendo na direção do futuro (ou, ainda, do futuro para o passado, se pensarmos que o tempo passa por nós), e nós, com ele, nos movemos e/ou somos movidos, sem sermos capazes de influenciar o movimento temporal. Apenas usamos a capacidade de direcionamento para promover nossos planos (para o futuro), que são projeções do self 'refletidas' na programação de ações e eventos, na formulação de contratos e promessas. O que só é possível graças à nossa capacidade linguística. Nesse contexto, tem-se, na linguagem, a condição de navegação ilimitada a diversos tempos e espaços diferentes do aqui-agora dêitico. E a diferença de acesso ao tempo e ao espaço é presente nas manifestações linguísticas e nas construções de sentido. Vejamos dois exemplos a título de ilustração.

As relações temporais que denotam a ordem entre dois eventos na linha do tempo, quando expressas por 'antes' e 'depois' (isso aponta para a relação tempo-espaço-movimento, que será tratada na seção seguinte, 4.3.3), podem ser independentes (ressalva-se que relações temporais expressas por "agora" e "depois" são implicitamente dependentes de um ponto específico no tempo, geralmente o ponto dêitico da fala) da posição dêitica do falante/ouvinte, já que podem representar intervalos de tempo diferentes do aqui-agora, projetados linguístico-cognitivamente. Por exemplo, dito no ano 2000 ou em 2012, em qualquer lugar, por qualquer locutor, o enunciado

20. *"Getúlio Vargas governou **antes** de Juscelino Kubitschek."*

não depende do elemento dêitico 'agora' para a significação, e tem o mesmo valor de

21. *"Juscelino Kubitschek governou **depois** de Getúlio Vargas."*

Dada a unidirecionalidade da nossa experiência no tempo, a projeção cognitiva dos intervalos correspondentes ao governo de Getúlio Vargas e ao de JK será mantida sem alteração de sequência no processamento linguístico-cognitivo do tempo.

Figura 15 – Perspectiva de tempo

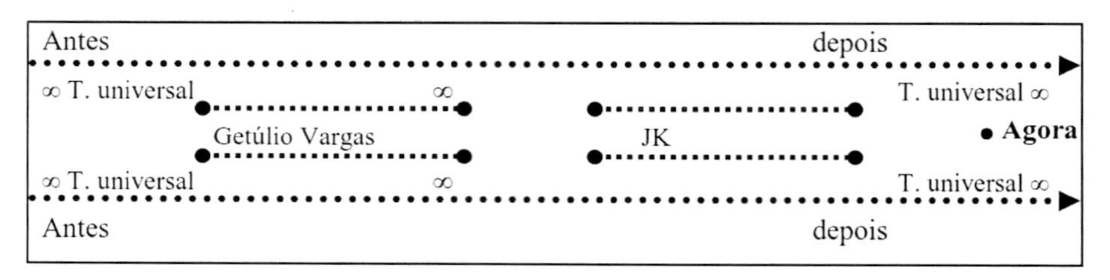


Fonte: elaborada pelo autor

No espaço, em função da multidirecionalidade deste e da nossa condição de locomoção espacial, podemos adotar perspectivas diferentes de projeção. Assim, em uma conversa realizada na capital Vitória, por interlocutores que visam chegar a São Paulo, por exemplo, a atribuição de significado a

22. *"Belo Horizonte está **antes** de Contagem."*

assemelha-se a

23. *"Contagem está **depois** de Belo Horizonte."*

A não diferença em termos de projeção cognitiva do significado *supra* conta com o elemento dêitico '**aqui**', não expresso linguisticamente. Se se assume, todavia, outra perspectiva, isto é, se for dito por um enunciador em outro '**aqui**', São Paulo, por exemplo, (22) só traduzirá conceitualmente a mesma projeção espacial se, na expressão linguística, trocar-se "antes" por "depois".

24. *"Belo Horizonte está **depois** de Contagem."*

25. "*Contagem está **antes** de Belo Horizonte.*"

A acessibilidade espacial, no caso em questão, torna (22)/(24) e (23)/(25) diferentes na forma e similares no conceito. Dada a multidirecionalidade da nossa experiência no espaço, a projeção cognitiva do intervalo Belo Horizonte → Contagem altera-se, à medida que o interlocutor assuma uma perspectiva diferente, e pode, entre outras possibilidades, ser representada como Belo Horizonte ← Contagem, conforme se vê a seguir:

Figura 16 – Perspectiva espacial 01 (Vitória → São Paulo)

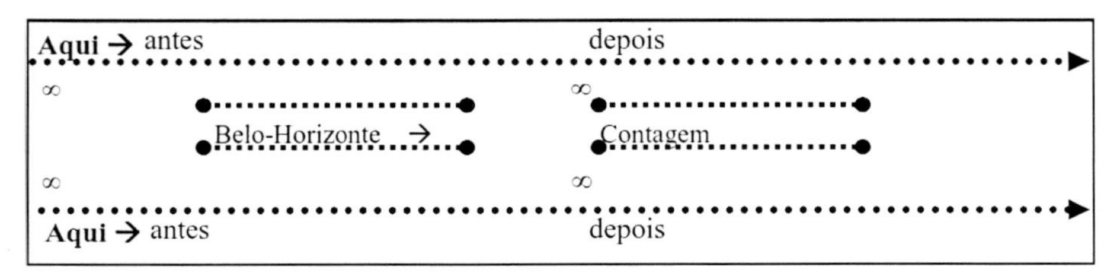


Fonte: elaborada pelo autor

Figura 17 – Perspectiva espacial 02 (São Paulo → Vitória)

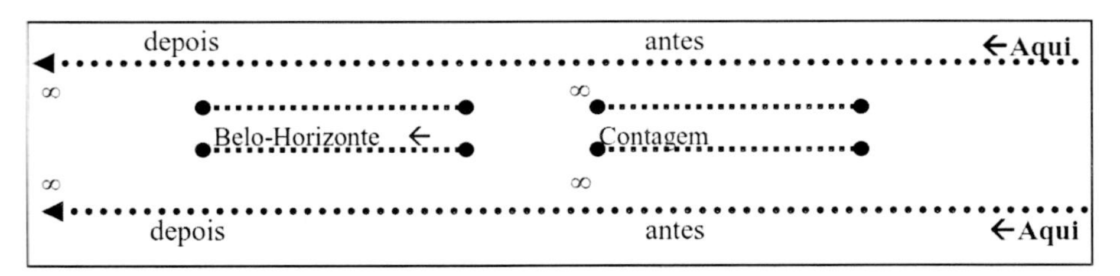


Fonte: elaborada pelo autor

Figura 18 – Perspectiva espacial 03 (outra acessibilidade espacial diferente de 01 e 02)

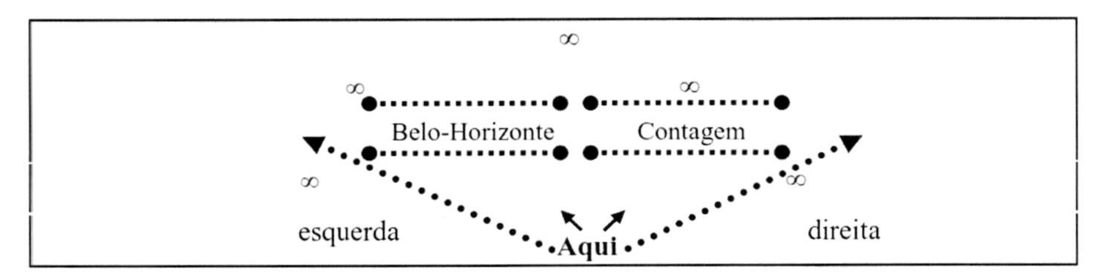


Fonte: elaborada pelo autor

Como se vê, em função da maneira como concebemos a dimensionalidade, a direcionalidade do tempo e do espaço, estes se configuram diferentemente quanto à acessibilidade. Eventos simultâneos e arranjos espaciais sucessivos, se dispostos em torno de um observador, podem ser acessados por meio da percepção visual de forma incomparável a nenhum dos outros sentidos e concebidos distintamente das condições de 'apreensão' cognitiva de eventos sucessivos no tempo. Os arranjos espaciais estão associados com a percepção, enquanto o tempo está associado com a memória.

### 4.3.3 Movimento

O movimento pode ser entendido como a medida do tempo no espaço. Isso aproxima espaço-tempo nas atividades cognitivas, já que, nesta perspectiva, as duas dimensões formam uma unidade quadridimensional. Em razão dessa aproximação, justifica-se o uso de expressões linguísticas comuns aos dois domínios, exclusivamente naquilo em que se assemelham conceitualmente. Miller e Johnson-Laird observam que, em relação ao movimento no tempo-espaço, há um tipo de interconexão profunda entre os dois domínios e que um pode ser linguisticamente expresso pelo outro:

> Quando uma pessoa está em movimento através do espaço, há uma reciprocidade entre as designações temporais e espaciais. Ela pode tanto se referir a distâncias, usando expressões temporais (*A casa está a cerca de cinco minutos*), quanto se referir a intervalos de tempo usando expressões espaciais (*Ele começou a passar mal cerca de cinco milhas atrás*). Esse uso é apropriado apenas quando a pessoa está em movimento. (Miller; Johnson-Laird, 1976, p. 462 *apud* Tenbrink, 2007, p. 23).

Quanto ao movimento no espaço-tempo, Clark (1973), para referir-se à metáfora espacial do tempo, apresenta duas direções opostas de percepção do movimento: a) a metáfora do "tempo movente" (*moving time*), em que o tempo é visto como 'movendo-se' por nós do futuro para o passado, e b) a metáfora do "ego movente" (*moving ego*), em que nós, seres humanos, somos vistos como moventes ao longo do tempo, do passado ao futuro. Nessa concepção, termos como 'antes' (= em frente) e 'depois' (= atrás de) decorrem da metáfora do "tempo movente": Clark explica o significado destes termos, afirmando que os eventos são atribuídos um à frente e um atrás, de modo que antes do meio-dia significa que "a face frontal do meio-dia é a que conduz e é direcionada à vigilância passada, e a face de trás é a que segue e é direcionada à vigilância futura" (Clark, 1973, p. 50 *apud* Tenbrink, 2007, p. 15).

Entendemos que ambas as projeções são pautadas pela experiência física do self movente. Este é que conduz as referências espaçotemporais: já que nos concebemos, em um corpo, movendo-se para frente, em relação às coisas do mundo e a outro self com características idênticas, as entidades pelas quais 'passamos', se movem com a 'frente' direcionada ao ser movente que também somos. Considerando o exemplo de Clark (1973) (tendo-se o "ponto do meio-dia" presente, em relação ao self), o futuro, que está à nossa frente é projetado à ideia de 'trás' do referente (o que chamamos de) 'meio-dia'. Não por força de metáforas espaciais, mas por força das condições como experienciamos o mundo no corpo. Ressalva-se que, como percebo, o corpo não é projetado no tempo-espaço; o self sim. O corpo está preso ao ponto aqui-agora; o self, graças à capacidade cognitiva, imaginativa, mnêmica, linguística do homem, projeta-se em outros pontos espaçotemporais, ainda que tenha como referência a experiência física.

De forma similar a Clark, Evans (1982) e Poidevin (2007) dissertam a respeito de 'representações egocêntricas', em oposição a 'representações objetivas' de tempo e espaço. O primeiro termo caracteriza representações que são sensíveis a um contexto ou identidade, mais estritamente à posição do self em uma determinada dimensão do tempo-espaço. O segundo termo caracteriza aquelas que não são sensíveis a esta forma, ou, pelo menos, não expressam a centralidade do self na categorização/expressão das dimensões de tempo e espaço. Inicialmente, a distinção entre estes dois tipos de representação parece se resolver naturalmente, pela análise de dados linguísticos de formas espaciais e temporais. No entanto, quando tentamos aplicar a distinção para representações temporais conceituais, encontramos algumas ressalvas quanto, digamos, à natureza metafísica do tempo em relação à do espaço. Vejamos.

Considerando-se o que foi dito na seção 3.1, à medida que nos movemos sobre o mundo, a informação perceptual guia nosso movimento de forma direta, e as projeções espaciais dos objetos são definidas em termos de sua posição face a face com o corpo humano. Também entendo que, espacialmente, o self

> [...] concebe-se localizado no centro de um espaço (em seu ponto de origem), com suas coordenadas dadas pelos conceitos 'acima' e 'abaixo', 'esquerda' e 'direita' e 'na frente' e 'atrás'. Podemos chamar isso de 'espaço egocêntrico', e podemos chamar pensando em posições espaciais neste quadro centrando no corpo do sujeito 'pensando de forma egocêntrica sobre o espaço'. (Evans, 1982, p. 153-154)[118].

Assim, localizações espaciais de objetos irão variar de acordo com a posição e/ou movimentação do sujeito no espaço. Justamente neste aspecto, há uma diferença crucial entre as representações temporais e as espaciais dos objetos. Explico.

A projeção resultante da percepção egocêntrica não se limita a uma única posição subjetiva: objetos no campo visual/auditivo podem estar 'aqui', 'lá', 'à esquerda', 'à direita' etc. de cada sujeito, a depender da posição espacial dêitica do self em relação ao objeto referenciado, e tal posição pode não ser comum a outros sujeitos. Isto é, um mesmo ponto espacial pode ser representado dimensionalmente à esquerda de uma pessoa e à direita de outra; perto de uma pessoa e longe de outra, mesmo se considerarmos projeções lineares. Isso, porque o centro dêitico espacial é único a cada self. Esse tipo de projeção não se aplica à dimensão temporal, já que o agora, o centro dêitico temporal, em situação de interação linguística, é único a todos os *selves*, ainda que, por questão de fuso horário, os interlocutores estejam cronologicamente em tempos diferentes. Note-se, contudo, que, no mesmo presente fenomenológico, os interlocutores assumem posições diferentes e complementares: um é falante/escrevente, o outro é ouvinte/lente. Nesse caso, numa interlocução em que se fala um de cada vez, o tempo de cada sujeito enunciador é também único e, por consequência, diferente, nos sucessivos turnos de fala.

Neste ponto, há dois aspectos importantes a respeito da natureza do tempo-espaço que merecem uma reflexão. Para explicar um deles, retomemos o pensamento de Benveniste segundo o qual há um presente axial, considerado não tempo, a partir do qual se constroem os tempos 'presente', 'passado' e 'futuro'. Compreendo os dizeres desse autor, mas, diferentemente do que ele preconiza, prefiro dizer que a) a abertura axial mínima, intensa, contínua, relacionada à 'dêixis cognitiva', emergente em

---

[118] "The subject conceives him*self* to be in the center of a space (at its point of origin), with its co-ordinates given by the concepts 'up' and 'down', 'left' and 'right', and 'in front' and 'behind'. We may call this 'egocentric space', and we may call thinking about spatial positions in this framework centring on the subject's body 'thinking egocentrically about space'".

cada ser, e, por isso, capaz de alcançar a totalidade de todas as instâncias enunciativas, é o 'sempre presente', que aqui chamamos de tempo (com 't' minúsculo); e b) a noção linguístico-cognitiva de **presente, passado** e **futuro**, garantida pela faculdade de temporalização evidente na própria capacidade humana de, **no presente do tempo**, 'rememorar' experiências (passado), e 'projetar' eventos (futuro), é o que denominamos temporalidade 'ocasionadora' da datação. Então, ao que Benveniste chama de 'não tempo', denominamos 'tempo'; ao que ele chama de 'tempo', aqui tratamos como temporalidade. Para isso, consideramos tanto i) a definição de temporalidade conforme Houaiss (2009), ou seja, "qualidade, estado ou condição do que é temporal", "lat. *temporalìtas*, átis = o que é temporal, o que ocorre em espaço de tempo limitado"; quanto ii) o fato de que, aqui, adotamos uma noção de tempo **sempre presente** (do ínfimo ao absoluto) como uma extensão que prolonga do vazio ao repleto, do nada ao todo universal, experimentável só na emergência da vida, no presente do self.

O outro aspecto está no que chamo de 'imbricação' do tempo e do espaço. Observe-se que a singularização de um desses domínios representa a possibilidade de pluralização do outro: o '*agora*' é multiespacial, já que pode ser projetado simultaneamente por inúmeras pessoas em infindos 'aqui' no espaço; o *aqui* é multitemporal, já que comporta o registro de muitos 'agora' no tempo. Temos, então, razões não só para conceber tempo-espaço numa realidade integrada, como para admiti-los de forma absoluta. Há tanto a evidência de o tempo ser presente em todo o espaço (e em todos os fractais de espaço) quanto a de o espaço perdurar a todo o tempo (e em todos os fractais de tempo). Assim, não é compatível com essa perspectiva a concepção de primazia da capacidade de espacialização humana sobre a de temporalização, conforme mostraremos a seguir.

Espaço e tempo são realidades abstratas, não porque seja realizável só na imaginação, mas pelo fato de ambos terem uma abrangência que vai do vazio ao pleno absolutos. Diante dessa concepção, podemos dizer que tanto as projeções linguístico-cognitivas de tempo quanto as de espaço exigem certo grau de abstração mental que ultrapassa o de reações químico-orgânicas advindas do estímulo sináptico resultante de inputs sensoriais estabelecidos a partir das sensações humanas construídas pelo acionar dos cinco sentidos básicos (visão, audição, paladar, olfato e tato). E, nesse sentido, não dá para falar em primazia.

É inegável que, dado o fato de não ser possível movimentar-se livremente no tempo, que não pode ser explorado ativamente como o espaço, a nossa interação é muito mais variada com o domínio espacial do que com o temporal. Entretanto, conceitualmente, da mesma forma que podemos fazer projeções espaciais diversas e unificá-las numa unidade global, como um mapa de integração conceitual única (pensa-se uma casa 'A', situada na rua 'B', em um bairro 'C', da cidade 'D', do estado 'E', do país 'F', do continente 'G' no Globo), é possível projetar unidades temporais resultantes de complexas integrações de tempo. Examinemos, primeiro, a sucessão temporal construída em uma manchete jornalística, com um complexo de tempos discursivos expressos em ordem variada, mas de possível integração/organização em uma unidade recursiva de significação que se realiza plenamente na totalidade das expressões.

Considere-se a manchete a seguir, publicada no jornal eletrônico Último Segundo, em 24.11.2011.

Figura 19 – Manchete de jornal eletrônico

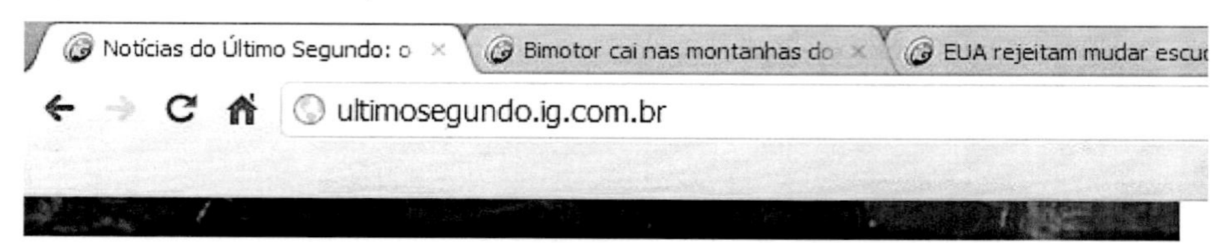


Fonte: http://ultimosegundo.ig.com.br. Acesso em: 24 nov. 2011

Se considerarmos a ordem sucessiva, fenomênica dos eventos, teremos a seguinte sequência temporal:

1. conflitos no Cairo (para deposição do governo);
2. proposta de transição do governo (tentativa de diminuir os conflitos);
3. promessas de aceleração da referida transição do governo (tentativa de dirimir os conflitos);

4. rejeição das promessas do governo pelos manifestantes (isso pode ser entendido como continuidade dos conflitos);
5. repressões no Egito (o tempo da repressão pode ser projetado como simultâneo ao dos conflitos);
6. condenação da repressão pela ONU (o momento da condenação não está pontualmente expresso);
7. continuidade dos conflitos;
8. escrita da manchete/texto;
9. aqui-agora da leitura.

Ordenando-se a sequência linear de apresentação das formas linguísticas, verifica-se que os eventos foram expressos na seguinte ordem — o asterisco sinaliza eventos subentendidos —: (6)+(5*), (1*)+(7), (4)+(3*)+(2*), (7), (8), (9). À velocidade da leitura, a unidade sequencial do tempo discursivo, que engloba, numa só instância discursiva, todas as projeções temporais, se dá a partir do tempo (9), que, para efeito de análise, integra o tempo (8), que deve ser projetado como condição necessária para que haja a leitura, já que, se a manchete não fosse escrita, obviamente não haveria a leitura. Quanto às projeções de tempo dos acontecimentos, verifica-se que o ponto dêitico enunciativo não altera a direcionalidade dos eventos noticiados na manchete, embora, a partir dele, se possa construir uma noção de tempo decorrido entre os acontecimentos e o 'agora' enunciativo.

É importante notar, também, que o fato de concebermos o(s) tempo(s) relacionado(s) a uma linearidade **não** determina que a organização linguística tenha DE expressar a sucessão de eventos na ordem dos acontecimentos, isto é, de forma linear. Graças à capacidade de recursão, somos aptos a integrar na rede de sinapses neurais todos os tempos discursivos referentes à construção dos objetos de discurso, independentemente da ordem em que são apresentados na materialidade linguística. Aliás, eventos e/ou respectivos tempos podem não ser dados explicitamente, já que a nossa capacidade perceptiva se dispõe de frames para a integração de tempos cognitivamente processados e linguisticamente não expressos.

Vale considerar, ainda, que concebemos uma estruturação de coisas e eventos nas mais variadas combinações de tempo-espaço, sempre constituindo-se unidades significativas no/do mundo, o que resulta da capacidade cognitiva de perceber, categorizar, agrupar, integrar recursivamente a realidade e expressá-la linguisticamente. Se é possível estabelecer a permanência/movimentação/duração de entidades no tempo, bem como a extensão/movimentação no espaço, é inegável que não é exclusividade de projeções do domínio espacial a capacidade linguístico-cognitiva de 'demarcar', 'mensurar' o início e o fim de coisas (objetos e eventos) e a própria existência ou atuação de pessoas no mundo.

Vejamos, também, a partir da charge a seguir, como é possível projetar certos eventos no futuro do tempo. Pela faculdade de linguagem, que está associada a um estágio mais elevado de consciência e é inerente à natureza do ser de linguagem, podemos explicar movimentos no tempo sem necessariamente correlacioná-los a extensões espaciais. Considere a charge seguinte, apresentada estrategicamente da seguinte forma:

Figura 20 – Charge: Notícias do futuro

Fonte: LUTE. *Jornal Hoje em Dia*-MG, 25 out. 2011

Como "11 de setembro" nomeia um evento de repercussão mundial ocorrido em Manhattan, New York, em 2001, é provável que o enunciado "*EUA lembram os 110 anos do 11 de setembro!*" contenha índices linguísticos suficientes para que se possa projetar o presente discursivo do enunciador no ano/calendário 2111. Isso, além de conhecimentos sociopolíticos, históricos, linguístico-cognitivamente construídos, nomeados, partilhados, requer um complexo de projeções sociocognitivas para a construção de sentido do enunciado. Considerando-se o aspecto sócio-histórico, por exemplo, tem-se o nomeado "11 de setembro", como um evento no tempo-espaço de considerável impacto social, conhecido, por isso, como "atentado terrorista". Nomear o acontecimento é, nesse caso, também torná-lo um objeto de discurso, um fato institucional. E, como tal, o evento nomeado pode, até mesmo, ser cognitivamente processado como um eixo espaçotemporal a partir do qual se projetam datas e eventos como "*EUA lembram os 110 anos do 11 de setembro!*"

Nesta análise, todavia, serão priorizados os aspectos relativos a projeções linguístico-cognitivas do tempo espaço. Vamo-nos ater, inicialmente, ao presente linguístico "lembram". Se lembrar é uma capacidade de 'memoração', pertinente ao self, no presente enunciativo, a realização linguística de tal enunciado só seria atual em setembro de 2111. Como explicar, então, a realização de sentido possível ao referido enunciado? Há alguma base cognitiva espacial (metafórica ou não) a partir da qual se pode conceber (considere que a charge foi publicada em 25.10.2011), no ato da leitura, o tempo discursivo da forma "lembram", projetado como referência implícita a 2111? Qual base espacial? Antes de responder a estas indagações, trabalhemos outro enunciado da charge em evidência.

Também para efeito de análise, consideremos, no ato de leitura da charge (25.10.2011), nosso conhecimento a respeito do evento "queda de Kadafi". Na frase "*Líbia celebra cem anos da queda de Kadafi!*", a forma linguística "celebra" 'projeta' a referida 'queda' há 100 anos do 'presente' 2011 (1911, portanto), mas, como se sabe, foi exatamente em 2011 que se promoveu a tão noticiada queda do ditador da Líbia, e não em 1911. Mais uma vez, está-se diante de uma complexa projeção temporal cuja significação não parece valer-se necessariamente de processos metafóricos de cooptação de estrutura espacial cognitiva para se realizar. E, já que o referido enunciado integra um gênero discursivo real (trata-se de uma charge realmente publicada no jornal *Hoje em Dia* e que não é uma invenção para exemplificar uma teoria), justifica entender/explicar o processamento linguístico cognitivo do tempo-espaço estabelecido neste ato comunicativo. Vamos, então, ao terceiro enunciado da charge, atribuído ao mesmo enunciador: "*Sarney discute com Ricardo Teixeira a abertura da copa-2114 no interior do Maranhão*".

Como dito na seção anterior, o ser humano faz uso da capacidade de projeção e direcionamento temporal, para programar ações e eventos, formular contratos, realizar promessas, que são faculdades do self, atualizáveis graças à nossa capacidade linguística. Para quem está em 2011, por exemplo, a condição de anunciar a copa mundial de futebol a ser realizada no Brasil em 2014 é um exemplo dessa capacidade. Aplicando-se essa aptidão à significação desta charge, é possível, de antemão, integrar um aspecto cognitivo importante ao entendimento dos enunciados: todos eles evidenciam a projeção, no tempo, de um intervalo de cem anos, a contar do presente enunciativo em 2011. Isso já permite dizer que o tempo enunciativo do enunciador, na charge, é 2111, o que possibilita projetar e entender o "discutir a abertura da copa-2114" como um evento presente em que se projeta o evento "copa" para três anos depois do referido tempo enunciativo projetado, a exemplo do que realmente 'fizemos' em 2011.

Dito isso, consideremos mais especificamente o terceiro enunciado. É preciso valer-se do conhecimento (em 25.10.2011) que se tem dos referentes "Sarney" (entre outras informações relevantes para a interpretação da charge, destaca-se o fato de ele em 2011 ocupar o lugar de presidente do Senado Federal pela quarta vez e ser maranhense) e "Ricardo Teixeira" (destaca-se o fato de ele ser presidente da Confederação Brasileira de Futebol desde janeiro de 1989: seu quinto mandato consecutivo terminou em 2007, mas foi prolongado, sob acordo, até o fim da XX Copa do Mundo em 2014) quanto ao fato de estas personagens 'históricas' terem sido criticadas pelo apego aos lugares públicos que ocupam e acusadas de se beneficiarem ilicitamente dessa situação. Então perguntemos: por que se projeta tal conversa para 2111? Por que, nessa projeção, 'Sarney' e 'Ricardo Teixeira' discutem a abertura da 'Copa-2114', no interior do Maranhão, e não no Rio de Janeiro? Qual a intenção do autor com tais projeções? E, em se tratando da organização linguístico-conceitual, como o terceiro enunciado se associa e pode ser integrado aos dois primeiros, numa unidade significativa? O que tal integração evidencia a respeito de projeções cognitivas do tempo-espaço? E o que isso tem a ver com a projeção de tempo evidente na charge?

Todo esse exercício mental de valor analítico, metalinguístico, se resolve mais facilmente quando se observa a charge inteiramente (intencionalmente, apresentei apenas uma parte da charge para evidenciar como os enunciados da segunda parte se realizam naturalmente a partir da projeção de tempo anunciada na primeira parte):

Figura 21 – Charge: Notícias do futuro

Fonte: LUTE. *Jornal Hoje em Dia*-MG, 25 out. 2011

Como se vê, estabelece-se um aqui-agora enunciativo em que se projetam notícias do futuro por meio de um equipamento ('conector') capaz de avançar cem anos no tempo e exibir as manchetes daquele momento. Então, se o dêitico enunciativo, na primeira parte da charge, é fundamentado ('*grounded*') nas experiências humanas, em fatos histórico--sociais constitutivos de um '*background*' coletivo no presente discursivo (25.10.2011), é possível projetar conceitualmente um espaço-tempo futuro e construir formas linguísticas de presente em situações de comunicação idealizadas para 2111. Ainda que o termo "avançar" possa, também, ser possível em construções de natureza espacial, tem-se, na primeira parte desta análise, a evidência de que se está 'diante' de projeções de tempo a partir da experiência com o próprio tempo.

Importante (re)afirmar que só é possível esse tipo de projeção via linguagem, pensamento, imagens mentais. O que interessa, aqui, nem é a realização empírica de uma conversa em 2111, até porque isso não é possível. Na charge em análise, o autor encontra uma forma artística de estabelecer uma crítica a Sarney e Ricardo Teixeira. Como o "objeto de discurso" é o longo intervalo de tempo em que tais personagens ocupam os mesmos cargos e a própria insistência deles em permanecerem nos lugares, o chargista institui enunciadores em cujo diálogo há pistas de projeções temporais nas quais os "*EUA lembram os 110 anos do 11 de setembro*", a "*Líbia celebra cem anos da queda de Kadafi*" e "*Sarney discute com Ricardo Teixeira a abertura da copa-2114 no interior do Maranhão*". Cria-se, então, uma projeção 'hiperbólica' em que, a cem anos do presente discursivo (25.10.2011), projeta-se a (im)possibilidade de Sarney e Ricardo Teixeira 'discutirem' a abertura de uma copa mundial no interior do maranhão. Neste caso, o lugar também é significativo, por se tratar do estado natal do 'personagem' Sarney.

Esta rápida análise evidencia quanto projeções mentais servem, claramente, como meio para localizar situações, eventos ou objetos (fatos materiais ou institucionais: ver página 94, seção 3.4.1) em ambos os domínios. Portanto, noções 'abstratas' e noções consideradas 'concretas' estão estritamente interligadas, quando se trata da descrição de padrões conceituais na construção de objetos de discurso em movimento no tempo-espaço. A diferenciação entre a noção abstrata desses domínios e a forma de percepção de entidades (muitas vezes consideradas concretas) neles instituídas, além de evidenciar a diferença entre tempo e espaço, pode determinar propriedades comuns, ou não, destes/nestes conceitos.

Como se vê, nos casos específicos de dimensionalidade/direcionalidade e movimento, apesar de se reconhecer alguma semelhança, há certamente aspectos que devem ser tratados de forma consideravelmente diferente. E, se, como apresentado nesta seção, há diferenças e semelhanças conceituais relativas aos domínios do espaço e do tempo, não parece haver razão — pelo menos no que concerne às questões resumidas nesta seção — para assumir uma relação metafórica subjacente ou uma dependência dos conceitos de tempo em relação aos conceitos espaciais. Eis uma evidência de que a metáfora "tempo é espaço" deve ser repensada.

### 4.3.4 Proximidade, contiguidade, simultaneidade e integração recursiva

Ainda que haja as 'diferenças de natureza' do espaço em relação ao tempo, a integração da diversidade de coisas e movimentos nesses domínios em uma única realidade espaçotemporal é condição para a integridade do self. E a multiplicidade de projeções integradas e integradoras de espaço-tempo é garantida pela linguagem e/ou outras formas de representação.

Em ambos os domínios, as entidades podem ser projetadas como próximas, contíguas e/ou simultâneas umas das outras. Essa característica do tempo-espaço é importante para a integração conceitual de imagens, cenas, eventos relacionais no tempo-espaço, de forma que certos eventos, certos espaços, sejam comparados e/ou sejam (re)construídos recursivamente como unidades semânticas. Isso é o que permite construções como esta,

Figura 22 – Charge: Dois mundos

Fonte: PASSOFUNDO. *A Charge Online*, 12 out. 2011

em que se projetam dois espaços geográfica e semanticamente distantes, graficamente próximos e contíguos, cognitivamente integrados e recursivamente unificados a um só tempo (ressalva-se que, sendo a charge uma montagem de duas fotografias, é evidente que o tempo físico de flash fotográfico de cada foto provavelmente tenha sido diferente. Por isso é que falamos da integração pela linguagem). Veja-se que é possível conceber/integrar uma série de eventos simultâneos a um só tempo, a um só 'agora', circunscritos em vários espaços diferentes, graças à nossa capacidade recursiva de integração espaçotemporal nos espaços-tempos discursivos. Na charge em análise, não só os diferentes espaços físicos dos acontecimentos são integrados, mas os espaços antagônicos de significação: o do 'amparo animal' em oposição ao do 'desamparo humano'.

Da mesma forma, é possível conceber a integração de vários espaços a um só tempo, como se vê na charge a seguir:

Figura 23 – Charge: Um grande Brasil

Fonte: DUKE. *Jornal O Tempo*, 1 dez. 2011

Nela, integram-se, num só momento, no presente discursivo, fatos (crise, miséria, violência, corrupção) pertencentes a pontos espaciais distintos do planeta (Europa, América, Oriente, China), unificados no espaço 'mundo'. E tais fatos são também projetados no espaço discursivo chamado 'grande Brasil', no tempo chamado 'agora' (linguisticamente não processado, por pertencer ao tempo enunciativo), que, nesse caso, é o tempo-espaço instituído como objeto discursivo da charge. E, ao estabelecer o referido 'aqui-agora' como objeto de discurso, chargista e leitor se estabelecem nesse tempo-espaço da interlocução e se fazem brasileiros, projetando-se linguístico-cognitivamente um Brasil de crise, miséria, violência, corrupção. Eis mais um exemplo de (auto)realização do self, colocando-se em relação a outros '*selves*' na construção de objetos discursivos em que se integram tempo, espaço e identidade.

Nessa pequena amostragem analítica, temos evidências de projeções unificadas, no processamento linguístico-cognitivo de um conjunto de referências implicadas na construção de objetos de discurso, feito realidade única, ou realidades integradas, de forma que uma esteja 'a serviço' da outra, numa 'engrenagem', com processos intercambiáveis de cognição e representação linguística de tempo/espaço/identidade, sem mais ou menos primazia, concretude ou abstração. Isso porque sem tempo-espaço não é possível atribuir uma identidade nem às coisas nem a si mesmo; sem identidade (o self por excelência) não é possível projetar tempo-espaço (temporalizar, espacializar).

Em razão dessa integração, **não** podemos dizer que espaço, tempo ou self sejam, um ou outro, necessariamente uma metáfora estrutural que surgiu em algum ponto da evolução humana, como cooptação de uma estrutura cognitiva de uma realidade mais concreta, para projetar outra estrutura de uma realidade mais abstrata. Se é inegável que haja uma só 'estrutura' cognitiva responsável por unificar e projetar a realidade do ser no tempo-espaço, e esta realidade é uma só, preferimos entender que tal 'estrutura', ou 'engrenagem', ou 'mecanismo' (todos entre aspas, por entendermos que há uma emergência cognitiva estruturante e autoadaptável no fluxo emergente do self), é responsável por elaborar/projetar noções integradas de tempo, espaço e identidade, expressáveis por meio de categorias linguísticas e/ou imagéticas.

5

# CONSIDERAÇÕES FINAIS

Como vimos, neste livro, procuramos mostrar o processamento linguístico-cognitivo do tempo-espaço na construção de objetos de discurso. E, por considerarmos que as indagações relativas à natureza do tempo e do espaço perpassam várias áreas do conhecimento, achamos producente verificar o que é dito a respeito dessa(s) realidade(s) no escopo da Filosofia, da Física, da Psicologia etc.

Considerando que as questões ontológicas do tempo-espaço estão intimamente ligadas ao processamento cognitivo e ao funcionamento da linguagem, já que a atividade mental de autopercepção e de percepção/categorização/representação do mundo é uma atividade linguístico-cognitiva realizável, exclusivamente, no tempo-espaço presente, procuramos, inicialmente, versar, mui sucintamente, a respeito de uma ontologia do presente. Uma ontologia do presente vital, pontual, efêmero, em que o homem assume a consciência de si: o aqui-agora fundamental, axial, presente por excelência, em que se dá o acontecimento cognitivo humano.

Vimos, então, na primeira parte da seção 2, que descobrir/revelar a natureza do próprio tempo (o *representandum*), olhando-se para a natureza de uma representação mental de quem o observa (o *representans*), parece tarefa pouco confiável, já que estudar uma representação não é, precisamente, estudar o objeto representado: deve haver alguma diferença de qualidade, valor, proporção, dimensão, intensidade etc. entre tais naturezas. Assumimos, então, que é possível tecer explicações não a respeito do tempo e do espaço ontológicos, mas da temporalidade do tempo e da espacialidade do espaço, o que leva, também, à espacialidade do tempo e à temporalidade do espaço, que funcionam como uma 'estrutura' de referência dentro da qual se pode situar representações temporais e espaciais.

A temporalidade é este movimento que se define para o homem como uma sucessão de 'agora' e nasceres e pores do sol, que se configuram no modo como o tempo é para o homem e como o homem é/está no próprio tempo. E a espacialidade é a sucessão de 'aqui', visto como 'aberturas' dêiticas na 'presença' de cada 'ser-em', interagindo-se com outro e outro 'ser-no-mundo', feito circuito de 'aqui' em que os seres se colocam e se mantêm. E este tempo-espaço é o aqui/agora axial, ínfimo, em que se realizam as percepções e os sentidos do homem; em que o homem (re) conhece o tempo-espaço físico; em que ele 'temporaliza' e 'espacializa' a si e as experiências do/no mundo e promove representações temporais e espaciais cognitivamente processadas, graças à capacidade humana de percepção/categorização do momento no tempo-espaço.

Com Newton, 'visitamos' os princípios da Mecânica Moderna, que traduzem o desenvolvimento da análise do movimento e levaram este físico a afirmar a existência de um tempo e de um espaço absolutos. Um tempo-espaço imutável no qual as coisas se movimentam e se transformam. Um tempo-espaço absoluto, matemático, sempre igual por si mesmo e por natureza, sem relação com nenhuma coisa externa. É o que conhecemos como 'duração'. E, com Einstein, sem descartar os conhecimentos da mecânica newtoniana, concebemos uma noção de relatividade dos movimentos e, por conseguinte, do tempo-espaço: configuramos o tempo de forma relativa ao movimento das coisas no espaço e ao movimento dos sujeitos que as observam.

E isso trouxe profundas implicações quanto a possíveis explicações e aplicações a respeito da natureza cognitiva do tempo e do espaço e das distintas e possíveis estratégias de manifestação linguística desses domínios, diversas tanto nas variações internas de cada língua quanto nas diferentes formas estruturais de processamento do tempo-espaço perceptíveis nos estudos de língua comparada. Mais especificamente, isso nos estimulou à assertiva de que **o tempo é o que é** (também o espaço). Já o que se diz do 'tempo', o que se constrói com ele e a partir dele, traz, necessariamente, um índice, uma porção do sujeito que o diz e do tempo-espaço em que as percepções dessa(s) grandeza(s) são cognitivamente processadas e ditas.

Nessa perspectiva, procuramos estabelecer, na seção 3, um quadro teórico mínimo a partir do qual verificamos a inscrição do tempo-espaço no domínio da língua/linguagem. Consideramos, então, que os conceitos também são compartilhados por comunidades de interesses, a partir de pontos de vista mais ou menos comuns, que sustentam áreas de pesquisa e campos de conhecimento. Por isso, além dos mecanismos cognitivos de processamento do tempo/espaço, vimos a respeito da projeção mental de tais domínios pela perspectiva psicológica, alinhada ao processamento gestáltico, analisável em consonância com a condição do sujeito que os processa. Trabalhamos, também, a perspectiva neurobiológica do tempo-espaço, em que ressaltamos a emergência do self no presente espaço-temporal, por entendermos que, diretamente associada à dinamicidade do tempo-espaço presente, encontra-se a cognição, na dinâmica de funcionamento do ser humano, em constante atividade de auto-organização, na relação com o ambiente.

Destarte, concebemos o homem construindo-se, histórica e recursivamente, como um ser no mundo, o que requer o processamento cognitivo das próprias vivências humanas no tempo-espaço. E, em tais vivências, estão as atividades linguísticas, cuja realização é interdependente do processamento cognitivo do próprio tempo-espaço linguístico, o presente enunciativo, nos moldes da Teoria da Enunciação benvenistiana, em que se realizam as predicações *grounding* 'responsáveis' pela construção do self. A análise das categorias de pessoa, espaço e tempo tornou-se, então, imprescindível, já que tais elementos articulam um conjunto de referências implicadas em um ato discursivo. Essas referências, que remetem a algo exclusivamente linguístico, são determinadas pela tríade self ↔ aqui ↔ agora, denominada de 'sistema dêitico'. A inclusão do self nos nossos exames se dá por entendermos que a função da pessoa é essencial para a organização do âmbito espaçotemporal do discurso, já que o significado de 'eu' se atualiza, como o faz o tempo-espaço, a cada vez que um interlocutor utiliza o termo.

Eis, dessa forma, a base fundamental das análises apresentadas neste livro, em que procuramos estabelecer a interface cognição/linguagem. Buscamos criar um quadro conceitual básico relativo à construção cognitiva do espaço-tempo fundamental e ao processamento de categorias linguísticas construtoras de espaços/tempos discursivos em que, por meio da **palavra** (e/ou de outros recursos), os seres humanos constroem e agenciam, recursivamente, objetos de discurso em cenas discursivas específicas. Promovemos algumas indagações acerca do processamento do tempo em temos de processamento do espaço e, considerando-se a (im) possibilidade de o primeiro ser uma cooptação metafórica do segundo, procuramos relativizar os conceitos estabelecidos principalmente nos tratados teóricos a respeito da metáfora, quer nos estudos de metáfora, 'linguística', 'conceitual', 'neural', quer na noção de '*Blending*'.

Em função de se verificar que o material linguístico-discursivo pode evidenciar processamentos cognitivos de certas categorias/expressões dimensionais de 'tempo' e 'espaço', ora de forma unificada, ora de forma independente, dissociada, defendemos a ideia de que o organismo é dotado de uma 'estruturação' única responsável pela construção de a) categorias comuns de tempo e espaço, quando tais domínios apresentam similaridade conceitual, e b) categorias diversas, quando, conceitualmente, se diferenciam. E, no que concerne ao funcionamento cognitivo de tais categorias, como a evidência direta de que a cognição espacial favoreça e/ou sustente a evolução de conceitos abstratos pode escapar-nos à condição de análise, reavaliamos a perspectiva de que estruturas cognitivas de processamento do 'espaço' tenham sido, ao longo da evolução humana, cooptadas para o processamento do 'tempo' e optamos por validar a proposta de que, analogamente às combinações algorítmicas no campo da informática, o '*modus operandi*' da nossa experiência humana com estes domínios (espaço-tempo, incluindo-se a construção da própria identidade) compartilha uma limitada 'estruturação' cognitiva comum, unificada, que permite um mapeamento integral e integrador entre os aspectos relevantes do referido 'tripé' (tempo-espaço-identidade), a um 'sem-número' de funções representativas, ainda que sejam entendidas como metáforas neurais e/ou conceituais.

Em outras palavras, entendemos que o sistema linguístico-cognitivo opera, na emergência do presente vital, com um grupo integrado de 'estruturas' neuronais capazes de processar tempo, espaço e identidade e projetar todas as categorias sintático-semântico-discursivas possíveis de 'representação' de um 'eu-aqui-agora' e, também, de quaisquer 'não eu', 'não aqui', 'não agora'. Tais projeções, que, sobremaneira, apontam para as atividades linguísticas de construção de objetos de discurso, indicam uma sucessão de espaços/tempos recursivamente instaurados e integrados como realidade simbólica e, portanto, como uma 'representação' sociocognitiva do tempo-espaço vital. Ambas (construção e 'representação') decorrem do modo de percepção advindo de diversas culturas, pertinente a visões de mundo a) estabelecidas a partir dos mais diversos postos de observação dos indivíduos e b) cognitivamente (re)edificadas no aqui/agora linguístico-discursivo.

Assim, concebemos o self realizando-se no tempo-espaço presente. O presente necessário para o homem projetar categorias linguístico-cognitivas de tempo-espaço (temporalizar, espacializar), atribuir uma identidade a si mesmo e às coisas, organizar-se em sociedade, construir a própria realidade [...] e promover a própria vida.

# REFERÊNCIAS


ABBOTT, Valerie; BLACK, John B.; SMITH, Edward E. The representation of scripts in memory. **Journal of Memory and Language**, New Haven, v. 24, n. 2, p. 179-199, Apr. 1985. Disponível em: http://www.sciencedirect.com/science/article/pii/0749596X 85900233. Acesso em: 10 out. 2011.

ANTES de dormir. *In*: AGORA. WENCESLAU, Flávia. Intérprete: Flávia Wenceslau. Teixeira, PB: Produção independente, 2003. 1 CD, faixa 3.

ARENDT, Ronald João Jacques. O desenvolvimento cognitivo do ponto de vista da enação. **Psicologia, Reflexão e Crítica**, Porto Alegre, v. 13, n. 2, 2000. Disponível em: http://redalyc.uaemex.mx/redalyc/pdf/188/18813203.pdf. Acesso em: 20 ago. 2011.

ARISTÓTELES. **Física**. Traducción y notas de Guillermo R. de Echandía. Madrid: Planeta de Agostini, 1995. Disponível em: http://lacavernadefilosofia.files.wordpress. com/2008/10/fisica_de_aristoteles.pdf. Acesso em: 30 out. 2011.

ARSENIJEVIĆ, Boban. From spatial cognition to language. **Biolinguistics**, Cambridge, v. 2, n. 1, p. 3-23, 2008. Disponível em: http://www.biolinguistics.eu/index.php/biolinguistics/article/download/34/59http://www.biolinguistics.eu/. Acesso em: 25 nov. 2008.

BAKHTIN, Mikhail. (Volochinov). **Marxismo e filosofia da linguagem**: problemas fundamentais do método sociológico da linguagem. 10. ed. São Paulo: Hucitec, 2002.

BAKHTIN, Mikhail. **Estética da criação verbal**. Tradução de Maria Ermentina Galvão. 3. ed. São Paulo: Martins Fontes, 2000. Título original: Estetika slovesnogo tvortchestva.

BENVENISTE, Émile. **Problemas de linguística geral - I**. Tradução de Maria da Glória Novak e Maria Luisa Neri; revisão do Prof. Isaac Nicolau Salum. 4. ed. Campinas: Pontes, 1995. Título original: Problèmes de linguistique générale.

BENVENISTE, Émile. **Problemas de linguística geral - II**. Tradução de Eduardo Guimarães et al. Campinas: Pontes, 1989. Título original: Problèmes de linguistique générale II.

BERNSTEIN, Jeremy. **As idéias de Einstein**. Tradução de Leonidas Hegenberg e Octanny S. da Motta. São Paulo: Ed. Cultrix, 1975.

BRANDT, Per Aage. **Spaces, domains, and meaning**: essays in cognitive semiotics. Bern: European Academic Publishers, 2004.

BRASIL, Luciano de Faria. **A espacialidade do Dasein**: um estudo sobre o § 24 de Ser e tempo. 2005. Dissertação (Mestrado em Filosofia) – Pontifícia Universidade Católica do Rio Grande do Sul, Porto Alegre, 2005.

BRASIL. Ministério da Saúde. Considerações sobre o tempo. Propoeg, 2009. Disponível em: https://www.youtube.com/watch?v=1QiIafc9t5w. Acesso em: 27 nov. 2011.

BRISARD, Frank. **Grounding**: the epistemic footing of deixis and reference. Berlin: Mouton de Gruyter, 2002.

BRONCKART, Jean-Paul. **Atividade de linguagem, textos e discursos**: por um interacionismo sócio-discursivo. Tradução de Anna Rachel Machado e Péricles Cunha. São Paulo: Educ, 1999. Título original: Activité langagière, texts et discours: pour un interactionisme socio-discursif.

CADIOT, Pierre; LEBAS, Franck; VISETTI, Yves-Marie. The semantics of the motion verbs: action, space, and qualia. *In*: HICKMANN, Maya; STEPHANE, Robert. **Space in languages**: linguistic systems and cognitive categories. Amsterdam: John Benjamins Publishing, 2006. p. 175-206.

CARROLL, Sean. **From eternity to here**: the quest for the ultimate theory of time. New York: Dutton, 2010.

CASASANTO, Daniel. Similarity and proximity: when does close in space mean close in mind? **Memory & Cognition**, Chicago, ano 5, n. 36, p. 1.047-1.056, Sept. 2008. Disponível em: http://www.casasanto.com/Site/papers/Casasanto_2008_Similarity& Proximity.pdf. Acesso em: 27 nov. 2011.

CASASANTO, Daniel. Space for thinking. *In*: EVANS, Vyvyan; CHILTON, Paul. (ed.). **Language, cognition, and space**: state of the art and new directions. London: Equinox Publishing, 2010. p. 453-478. Disponível em: http://www.casasanto.com/Site/papers/ Casasanto_SpaceForThinking.pdf. Acesso em: 28 mar. 2011.

CASASANTO, Daniel. When is a linguistic metaphor a conceptual metaphor? *In*: EVANS, Vyvyan; POURCEL, Stéphanie. (ed.). **New directions in cognitive linguistics**. Amsterdam: John Benjamins Publishing, 2009. p. 127-145.

CERVONI, Jean. **A enunciação**. Tradução: Laymert Garcia dos Santos. São Paulo: Ática, 1989.

CHOMSKY, Noam. **On nature and language**. Edited by Adriana Belletti and Luigi Rizzi. Cambridge: Cambridge University Press, 2002.

CHOMSKY, Noam. **Syntactic structures**. The Hague: Mouton, 1957.

CLARK, Herbert. H. Space, time, semantics and the child. *In*: MOORE, Thimothy E. (ed.). **Cognitive development and the acquisition of language**. New York: Academic Press, 1973. p. 27-63.

COOPE, Ursula. **Time for Aristotle**. Oxford: Clarendon Press, 2005.

DAMÁSIO, António. **O mistério da consciência**. São Paulo: Companhia das Letras, 2000.

DIRVEN, René; PÖRINGS, Ralf (ed.). **Metaphor and metonymy in comparison and contrast**. Berlin: Mouton de Gruyter, 2002.

DUBOIS, Christian. **Heidegger**: introdução a uma leitura. Tradução de Bernardo Barros Coelho de Oliveira. Rio de Janeiro: Jorge Zahar, 2004.

EDELMAN, Gerald Maurice. **Biologia da consciência**: as raízes do pensamento. Lisboa: Instituto Piaget, 1998.

EDELMAN, Gerald Maurice. **Bright air, brilliant fire**: on the matter of the mind. New York: Basic Books, 1992.

EDELMAN, Gerald Maurice. **Neural Darwinism**: the theory of neuronal group selection. New York: Basic Books, 1987.

EDELMAN, Gerald Maurice. **Second nature**: brain science and human knowledge. New Haven: Yale University Press, 2006.

EDELMAN, Gerald Maurice. **The remembered present**: a biological theory of consciousness. New York: Basic Books, 1989.

EDELMAN, Gerald Maurice. **Topobiology**. New York: Basic Books, 1988.

EDELMAN, Gerald Maurice. **Wider than the sky**: the phenomenal gift of consciousness. New Haven: Yale University Press, 2004.

EDELMAN, Gerald Maurice.; TONONI, Giulio. **A universe of consciousness**: how matter becomes imagination. New York: Basic Books, 2000.

EDELMAN, Gerald Maurice.; TONONI, Giulio. Neural Darwinism: the brain as a selectional system. *In*: CORNWELL, John. (ed.). **Nature's imagination**: the frontiers of scientific vision. Oxford: Oxford University Press, 1995. p. 78-100.

EINSTEIN, Albert; INFELD, Leopold. **A evolução da física**: o desenvolvimento das idéias desde os primitivos conceitos até a relatividade e os quanta. Tradução de Monteiro Lobato. Lisboa: Livros do Brasil, [19--]. Título original: The evolution of physics: the growth of ideas from the early concepts to relativity and quanta.

EVANS, Gareth. **The varieties of reference**. Oxford: Clarendon Press, 1982.

EVANS, Vyvyans. **The structure of time**: language, meaning and temporal cognition. Amsterdam: John Benjamins, 2003.

EVANS, Vyvyans; GREEN, Melanie. **Cognitive Linguistics, an introduction**. Edinburgh: Edinburgh University Press, 2006.

FAIRCLOUGH, Norman. **Discurso e mudança social**. Tradução de Izabel Magalhães et al. Brasília: Editora Universidade de Brasília, 2001. Título original: Discourse and social change.

FAUCONNIER, Gilles. **Mental spaces**: aspects of meaning construction in natural language. Cambridge: Cambridge University Press, 1994.

FAUCONNIER, Gilles.; TURNER, Mark. **The way we think**: conceptual blending and the mind's hidden complexities. New York: Basic Books, 2002.

FIORIN, José Luiz. **As astúcias da enunciação**: as categorias de pessoa, espaço e tempo. São Paulo: Ática, 1996.

FOUCAULT, Michel. **As palavras e as coisas**. Tradução de Salma Tannus Muchail. São Paulo: Martins Fontes, 1999. Título original: Les mots et les choses.

GEERAERTS, Dirk; CUYCKENS, Hubert. **The Oxford handbook of cognitive Linguistics**. New York: Oxford University Press, 2007.

GIBBS JR., Raymond W. **The poetics of mind**: figurative thought, language, and understanding. Cambridge: Cambridge University Press, 1994.

GIBBS JR., Raymond W.; STEEN, Gerard J. (ed.). **Metaphor in cognitive Linguistics**. Amsterdam: John Benjamins, 1999.

GIVÓN, Talmy. **Functionalism and grammar**. Amsterdam: John Benjamins, 1995.

GLASERSFELD, Ernest Von. A construção do conhecimento. *In*: SCHNITMAN, Dora Fried (org.). **Novos paradigmas, cultura e subjetividade**. Tradução de Jussara Haubert Rodrigues. Porto Alegre: Artes Médicas, 1996. Título original: Nuevos paradigmas, cultura y subjetividad.

GRADY, Joseph. **Foundations of meaning: primary metaphors and primary scenes**. PhD dissertation – Dept. of Linguistics, UC Berkeley, 1997.

GRUBER, Jeffrey. **Studies in lexical relations**. Cambridge: MIT Press, 1965.

HASPELMATH, Martin. **From space to time**: temporal adverbials in the world's languages. Munchen: Lincom, 1997.

HAWKING, Stephen. **O universo numa casca de noz**. Tradução de Ivo Korytowski. 3. ed. São Paulo: Mandarim, 2001. Título original: The universe in a nutshell.

HEIDEGGER, Martin. **Ser e tempo**: II. Petrópolis: Vozes, 2005.

HELBIG, H. **Knowledge representation and the semantics of natural language**. Berlin: Springer-Verlag, 2006.

HICKMANN, Maya; STEPHANE, Robert. **Space in languages**: linguistic systems and cognitive categories. Philadelphia: John Benjamins, 2006.

HOPPER, Paul J.; TRAUGOTT, Elizabeth Closs. **Grammaticalization**. Cambridge: Cambridge University Press, 1993.

HOUAISS, Antônio. **Dicionário eletrônico Houaiss da língua portuguesa**. Rio de Janeiro: Objetiva, 2009.

JACKENDOFF, Ray. **Semantics and cognition**. Cambridge: MIT Press, 1983.

JOHNSON, Mark. **The body in the mind**: the bodily basis of meaning, imagination and reason. Chicago: University of Chicago Press, 1987.

LAGO, Sueli Bonfim. **Distinção e união substancial em Descartes**. 2004. Dissertação (Mestrado em Filosofia) – Universidade Federal da Paraíba, João Pessoa, 2004.

LAKOFF, George; JOHNSON, Mark. **Metáforas da vida cotidiana**. Coordenação da tradução: Mara Sophia Zanotto. Campinas: Mercado de Letras, 2002. Título original: Metaphors we live by.

LAKOFF, George; JOHNSON, Mark. **Metaphors we live by**. Chicago: The University of Chicago Press, 1980.

LAKOFF, George; JOHNSON, Mark. **Philosophy in the flesh**: the embodied mind and its challenge to Western thought. New York: Basic Books, 1999.

LAKOFF, George. The neural theory of metaphor. *In*: GIBBS, Ray (ed.). **The Cambridge handbook of metaphor and thought**. Oxford: Oxford University Press, 2008. p. 17-38.

LANGACKER, Ronald. An introduction to cognitive grammar. **Cognitive Science**, Texas, v. 10, p. 1-40, 1986. Disponível em: http://onlinelibrary.wiley.com/doi/10.1207/s15516709cog1001_1/pdf. Acesso em: 10 set. 2011.

LANGACKER, Ronald. **Cognitive grammar**: a basic introduction. Oxford: Oxford University Press, 2008.

LANGACKER, Ronald. **Foundations of cognitive grammar**. Stanford: Stanford University Press, 1987. v. 1.

LEVINSON, Stephen C. **Space in language and cognition**: explorations in cognitive diversity. Cambridge: Cambridge University Press, 2004.

LEVINSON, Stephen C. A dêixis. *In*: LEVINSON, Stephen C. **Pragmática**. Tradução de Luiz Carlos e Aníbal Mari. São Paulo: Martins Fontes, 2007. Título original: Pragmatics.

LONERGAN, Bernard. **Insight**: um estudo sobre o conhecimento humano. Tradução de Mendo Castro Henriques e Artur Morão. São Paulo: É Realizações, 2010.

LORENZ, Günter. Diálogo com Guimarães Rosa. *In:* COUTINHO, Eduardo de Faria. **Guimarães Rosa.** 2. ed. Rio de Janeiro: Civilização Brasileira, 1991, p. 62-96.

MAINGUENEAU, Dominique. **Novas tendências em análise do discurso**. 3. ed. Tradução de Freda Indursky. Campinas: Pontes, 1997.

MANDLER, Jean Matter. **Stories, scripts and scenes**: aspects of schema theory. New Jersey: Lawrence Eribaum Associates, 1984.

MATURANA, Humberto R.; VARELA, Francisco J. **A árvore do conhecimento**: as bases biológicas do entendimento humano. São Paulo: Editorial Psy II, 1995.

MONDADA, Lorenza; DUBOIS, Danièle. Construção dos objetos de discurso e categorização: uma abordagem dos processos de referenciação. *In*: CAVALCANTI, M. M.; RODRIGUES, B. B.; CIULLA, A. L. **Referenciação**. São Paulo: Contexto, 2003.

MORA, José Ferrater. **Dicionário de filosofia**. São Paulo: Ed. Loyola, 2000. t. 1, 4. Disponível em: http://books.google.com.br/books?id=arWu04Gg_uAC&pg=PA851&lpg=PA851&dq=epifen%C3%B4meno&source=web&ots=-UgVqXt_zw&sig=9N13 chEzJcdqnEnEvMDqmraq5JY&hl=pt-BR&sa=X&oi=book_result&resnum=1&ct=result #v=onepage&q=epifen%C3%83%C2%B4meno&f=false. Acesso em: 12 dez. 2011.

MORIN, Edgar. **O método**. 2. ed. Tradução de Maria Gabriela de Bragança. Lisboa: Publicações Europa-América, 1977. v. 1.

MURPHY, Gregory. On metaphoric representation. **Cognition**, Urbana, v. 60, n. 2, p. 173-204, Aug. 1996. Disponível em: http://www.wjh.harvard.edu/~mahesh/papers% 20for%20julie/metaphor/2002-11.pdf. Acesso em: 30 out. 2011.

MURPHY, Gregory. Reasons to doubt the present evidence for metaphoric representation. **Cognition**, Urbana, v. 62, n. 1, p. 99-108, Feb. 1997. Disponível em: http://www.sciencedirect.com/science/article/pii/S0010027796007251. Acesso em: 30 out. 2011.

NOBRE, José Cláudio Luiz. **Subjetividade e a modalização da relação enunciador/enunciatário em textos científicos**. 2004. Dissertação (Mestrado em Letras) – Pontifícia Universidade Católica de Minas Gerais, Belo Horizonte, 2002.

NUNES, Benedito. **Heidegger & Ser e tempo**. Rio de Janeiro: Jorge Zahar, 2002.

NUNES, Benedito. **Passagem para o poético**: filosofia e poesia em Heidegger. São Paulo: Ática, 1992.

PALACIOS, Annamaria da Rocha Jatobá. **As marcas na pele, as marcas no texto**: sentidos de tempo, juventude e saúde na publicidade de cosméticos em revistas femininas durante a década de 90. 2004. Tese (Doutorado em Comunicação) – Universidade Federal da Bahia, Salvador, 2004.

PANTHER, Klaus-Uwe; RADDEN, Gunter (ed.). **Metonymy in language and thought**. Amsterdam: John Benjamins, 1999.

PANTHER, Klaus-Uwe; THORNBURG, Linda (ed.). **Metonymy and pragmatic inferencing**. Amsterdam: John Benjamins, 2003.

PAPAFRAGOU, Anna; MASSEY, Christine; GLEITMAN, Lila. Shake, rattle, 'n' roll: the representation of motion in language and cognition. **Cognition**, Urbana v. 84, n. 2, p. 189-219, June 2002. Disponível em: http://www.ircs.upenn.edu/~-truesweb/lila_pdfs/ 2002_Cognition84-2_189-219.pdf. Acesso em: 15 jun. 2011.

PARRET, Heman. **Enunciação e pragmática**. Tradução de Eni Pulcinelli *et al.* Campinas: Pontes, 1988.

PEREIRA, Daniel Siqueira. **A concepção do tempo em Bergson e sua relação com a teoria da relatividade de Einstein**. 2008. Dissertação (Mestrado em Filosofia) – Universidade do Estado do Rio de Janeiro, Rio de Janeiro, 2008.

PIAGET, Jean. **A noção de tempo na criança**. Tradução de Rubens Fiúza. Rio de Janeiro: Record, [1946]. Título original: Le dévelopement de la notion de temps chez l'enfant. Originalmente publicada em 1946.

PIETTRE, Bernard. **Filosofia e ciência do tempo**. Tradução de Maria A. P. de C. Figueiredo. Bauru: Edusc, 1997.

PINKER, Steven. **How the mind works**. New York: Norton, 1997.

PINTO, Felipe Gonçalves. **A percepção e a expressão do tempo em Aristóteles**. 2009. Dissertação (Mestrado em Filosofia) – Universidade Federal do Rio de Janeiro, Rio de Janeiro, 2009.

POIDEVIN, Robin Le. **The images of time**: an essay on temporal representation. Oxford: Oxford University Press, 2007.

PUENTE, Fernando Rey. **Os sentidos do tempo em Aristóteles**. 1998. Tese (Doutorado em Filosofia) – Instituto de Filosofia e Ciências Humanas, Universidade Estadual de Campinas, Campinas, 1998.

PUENTE, Fernando Rey. **Os sentidos do tempo em Aristóteles**. São Paulo: Loyola, 2001.

RASKIN, Victor. Linguistic heuristics of humor: a script-based semantic approach. **International Journal of Society and Language**, [*s. l.*], v. 65, p. 11-25, Nov. 1987.

REALE, Giovanni. **Introducción a Aristóteles**. Barcelona: Editorial Herder, 1985.

REALE, Giovanni. **Metafísica**: Aristóteles. Tradução de Marcelo Perine. São Paulo: Edições Loyola, 2001. v. 1.

REGIER, Terry. **The human semantic potential**: spatial language and constrained connectionism. Cambridge: MIT Press, 1996.

ROSA, João Guimarães. **Grande sertão**: veredas. São Paulo: Nova Aguilar, 1994.

ROSCH, Eleanor; LLOYD, Barbara B. (ed.). **Cognition and categorization**. New Jersey: Lawrence Erlbaum Associates, 1978.

RUSSO, Jane A.; PONCIANO, Edna L. T. O sujeito da neurociência: da naturalização do homem ao re-encantamento da natureza. **Physis**: Revista de Saúde Coletiva, Rio de Janeiro, v. 12, n. 2, p. 345-373, dez. 2002. Disponível em: www.scielo.br/pdf/physis/v12n2/a09v12n2.pdf. Acesso em: 15 jun. 2011.

SCHANK, Roger C.; Abelson Robert P. **Scripts, plans, goals and understanding**. New Jersey: Lawrence Erlbaum Associates, 1977.

SCHUBACK, Márcia. A perplexidade da presença. *In*: HEIDEGGER, Martin. **Ser e tempo**. Petrópolis: Vozes, 2009.

SEARLE, John R. **A redescoberta da mente**. Tradução de Eduardo Pereira e Ferreira. 2. ed. São Paulo: Martins Fontes, 2006.

SILVA, Augusto Soares da. Linguagem, cultura e cognição, ou a linguística cognitiva. *In*: SILVA, Augusto Soares da; TORRES, Amadeu; GONÇALVES, Miguel (org.). **Linguagem, cultura e cognição**: estudos de linguística cognitiva. Coimbra: Almedina, 2004. v. 1, p. 1-18.

SILVA, Augusto Soares da. **O mundo dos sentidos em português**: polissemia, semântica e cognição. Lisboa: Almedina, 2006.

SILVA, Elaine Guinevere de Melo. A temporalidade do pensamento em Descartes. **Revista Índice**, Rio de Janeiro, v. 2, n. 1, p. 13-30, 2010. Disponível em: http://www.revistaindice.com.br/elaineguinevere.pdf. Acesso em: 25 jun. 2011.

SILVA, Elaine Guinevere de Melo. **As noções de tempo e de duração em Descartes**. Trabalho apresentado ao Seminário dos Alunos do Programa de Pós-Graduação Lógica e Metafísica, out. 2011, Universidade Federal do Rio de Janeiro. Disponível em: http:// seminariopglm.files.wordpress.com/2011/02/elaine-silva.pdf. Acesso em: 25 out. 2011.

SINHA, Chris. Cognitive Linguistics, Psychology, and Cognitive Science. *In*: GEERAERTS, Dirk; CUYCKENS, Hubert. (ed.). **The Oxford handbook of Cognitive Linguistics**. Oxford: Oxford University Press, 2007. p. 1.266-1.294.

SLOBIN, Dan I. From "thought and language" to "thinking for speaking". *In*: GUMPERZ, John J.; LEVINSON, Stephen. C. (ed.). **Rethinking linguistic relativity**. Cambridge: Cambridge University Press, 1996. p. 70-96.

TALMY, Leonard. How language structures space. *In:* PICK, H.; ACREDOLO, L. (ed.). **Spatial orientation:** theory, research, and application. New York: Plenum, 1983. p. 225-282.

TALMY, Leonard. Force dynamics in language and cognition. **Cognitive Science**, Berkeley, v. 12, n. 1, p. 49-100, 1988. Disponível em: http://csjarchive.cogsci.rpi.edu/1988v12/ i01/p0049p0100/MAIN.PDF. Acesso em: 18 jan. 2012.

TALMY, Leonard. **Toward a Cognitive Semantics**: concept structuring systems. Cambridge: MIT Press, 2003. v. 1.

TENBRINK, Thora. **Space, time, and the use of language**: an investigation of relationships. Berlin: Mouton de Gruyter, 2007.

TOLMAN, Edward C. Cognitive maps in rats and men. **Psychological Review**, Pittsburgh, v. 55, n. 4, p. 189-208, July 1948.

TRAUGOTT, Elizabeth Closs; DASHER, Richard (ed.). **Regularity in semantic change**. Cambridge: Cambridge University Press, 2002.

TYLER, Andrea; EVANS, Vyvyan. **The Semantics of English prepositions**: spatial sciences, embodied meaning, and cognition. Cambridge: Cambridge University Press, 2003.

WEISSHEIMER, Janaina. Tempo e discurso. **Revista Virtual de Estudos da Linguagem**, São Paulo, ano 1, v. 1, n. 1, ago. 2003. Disponível em: http://www.revel.inf.br/downloadFile.php?local=artigos&id=4&lang=pt. Acesso em: 10 out. 2011.

ZAKAY, Dan; BLOCK, Richard. Temporal cognition: current directions. **Psychological Science**, Cambridge, v. 6, n. 1, p. 12-16, Feb. 1997. Disponível em: http://www.montana.edu/wwwpy/Block/papers/Zakay&Block-1997.pdf. Acesso em: 31 jan. 2012.